Dirk Endisch

Dampflok

Technik und Funktion

transpress

Einbandgestaltung: Luis dos Santos
Foto: Dr. Marcus Dettenberg
Rückseite: Foto: Uwe Miethe

Bildnachweis:
Die zur Illustration dieses Buches verwendeten Aufnahmen stammen – wenn nichts anderes vermerkt ist – vom Verfasser.

ISBN 978-3-613-71572-1

1. Auflage 2018
(Dieses Buch ist eine überarbeitete Neuausgabe der im Jahr 2016 unter demselben Titel im Verlag transpress erschienenen Auflage.)

Sie finden uns im Internet unter www.transpress.de

Lektor: Hartmut Lange
Innengestaltung: Jürgen Knopf
Repro: Medien und Printprodukte, 74321 Bietigheim
Druck und Bindung: Conzella Verlagsbuchbinderei, 85609 Aschheim-Dornach
Printed in Germany

Der planmäßige Dampfbetrieb auf Deutschlands Regelspurgleisen ist seit dem Herbst 1988 Geschichte. Gleichwohl hat die Dampflok bis heute nichts von ihrer Faszination verloren. Kein Wunder, welche Technik setzt sonst die drei Urgewalten Wasser, Feuer und Kohle so eindrucksvoll in Kraft und Geschwindigkeit um, wie die gute alte Dampflokomotive. Wo immer einer dieser imposanten, viele Tonnen schweren Stahlgiganten seine Dampf- und Rauchwolken in die Luft bläst, steht er im Mittelpunkt. Neugierig bestaunen die Zuschauer den großen Kessel mit seinen Aufbauten, Ventilen und Flanschen, den zahllosen Leitungen und Stellstangen. Die mächtigen, roten Räder mit den schweren, ölglänzenden Stangen und der voluminöse Zylinderblock flößen Respekt ein. Und dann die Geräuschkulisse: Das Zischen der Ventile, das Schmatzen der Pumpen und die unverwechselbare »Stimme« der Dampflok, wenn sie sich in Bewegung setzt. Auch wenn die Maschine steht, es tut sich immer etwas. Wer dann auch noch das große Glück hat, den Führerstand zu erklimmen, weiß meist nicht, wohin er zuerst blicken soll – auf den großen Rost, auf die vielen Handräder und Manometer oder den Kessel. Das Personal muss dann meist zahllose Fragen beantworten, von denen die meisten mit den Worten beginnen »Was ist denn das...« oder »Wie funktioniert...«.

▲ *»Wer gut ölt, der gut fährt!« Dieses Motto gilt insbesondere für Dampflokomotiven. Bevor eine Maschine zum Dienst ausrücken kann, müssen zahlreiche Ölstellen kontrolliert und mit neuem Öl versorgt werden. Hier ölt der Autor die Achslager, die so genannten Unterteile, der 50 3570 ab. Foto: Dr. Marcus Dettenberg*

Eigentlich funktioniert eine Dampflok ganz einfach: Kohle wird verbrannt und setzt dabei Wärme frei. Mit dieser Wärme wird Wasser verdampft. Der Dampf wird dann im Zylinder in Arbeit umgewandelt – die Lok bewegt sich und zieht einen Zug. Doch so einfach, wie das an dieser Stelle in der Theorie klingt, ist das in der Praxis nun auch wieder nicht. Wasser und Dampf haben ganz spezielle Eigenschaften und müssen mit besonderen Bauteilen »gebändigt« werden. Auf den folgenden Seiten werden dafür die Grundlagen und -begriffe der Dampflok-Technik in möglichst einfachen Worten erklärt.

Dieses Buch soll und will kein Lehrbuch für angehende Heizer oder Dampflokführer sein, sondern ist als Einstieg in die Dampflok-Technik gedacht. Leser, die es noch detaillierter wissen wollen, sollten auf die einschlägige Fachliteratur zurückgreifen. Neben den »Klassikern« Brosius/Koch »Die Schule des Locomotivführers«, Alexander »Die Lokomotive, ihr Bau und ihre Behandlung« und »Der praktische Lokomotivbeamte« sei hier noch auf den von Leopold Niederstraßer verfassten »Leitfaden für den Dampflokomotivdienst« und das über 900 Seiten umfassende Standardwerk »Die Dampflokomotive« aus dem transpress-Verlag verwiesen. Und wem das immer noch nicht reicht, der sollte die bekannten Ingenieurhandbücher aus der Feder von Dr.-Ing. Felix Meineke und Friedrich Röhrs »Die Dampflokomotive, Lehre und Gestaltung« sowie Friedrich Wilhelm Eckhardt »Die Konstruktion der Dampflokomotive und ihre Berechnung« studieren. Sie vertiefen die Thematik noch weiter, deren Grundlagen auf den folgenden Seiten erklärt werden.

Dieses Buch erschien im Verlag transpress erstmals im Jahr 2003 unter dem Titel »So funktioniert die Dampflok«. Die positive Aufnahme und der häufig geäußerte Wunsch nach einer erneuten Auflage veranlassten Verlag und Autor das Werk in überarbeiteter Form und mit neuer Gestaltung erscheinen zu lassen.

Dirk Endisch
Stendal, im August 2018

Inhalt

1. Achsfolge, Gattung und Baureihe:
Die Bezeichnung und Anschriften einer Dampflok

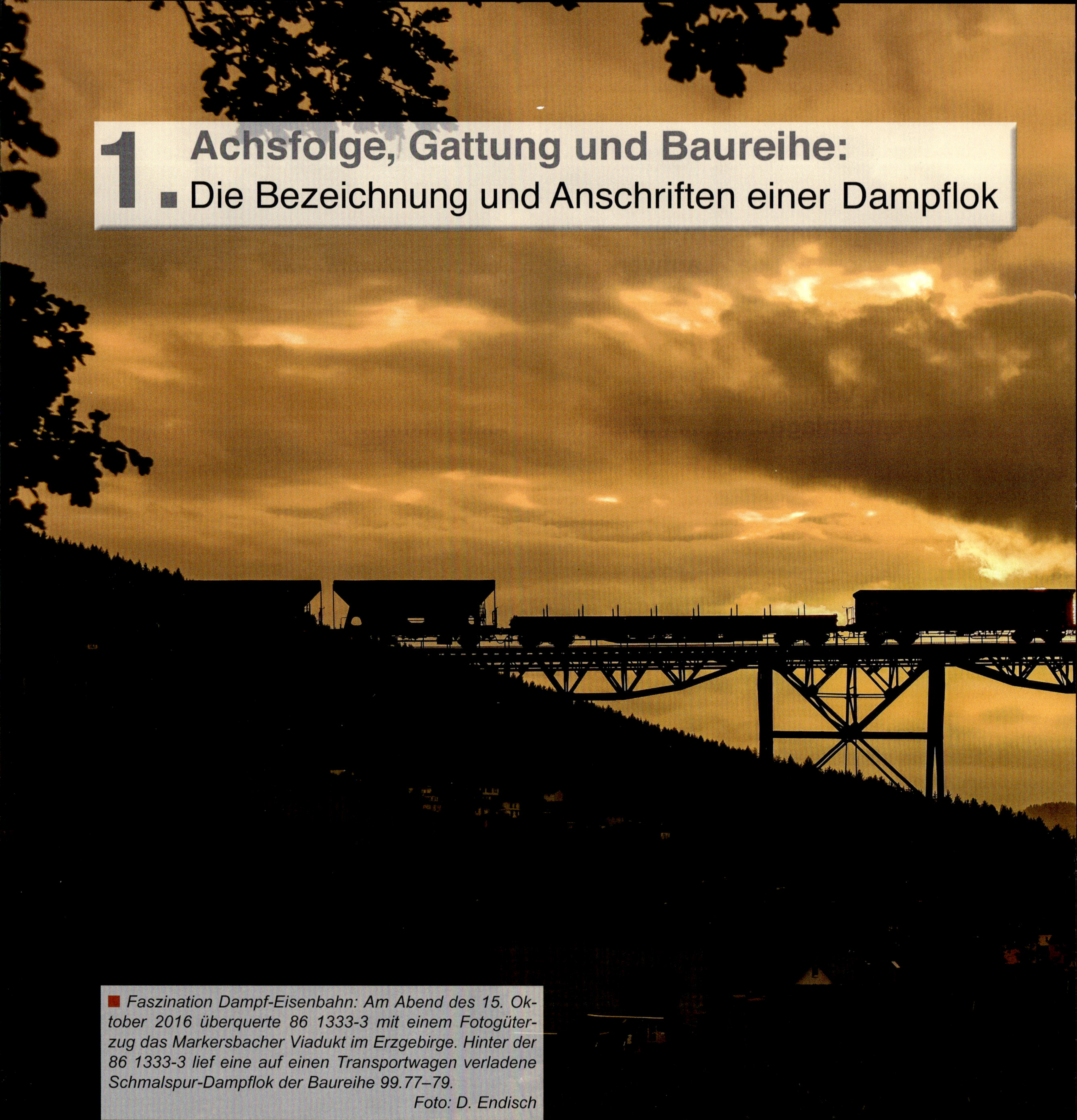

Faszination Dampf-Eisenbahn: Am Abend des 15. Oktober 2016 überquerte 86 1333-3 mit einem Fotogüterzug das Markersbacher Viadukt im Erzgebirge. Hinter der 86 1333-3 lief eine auf einen Transportwagen verladene Schmalspur-Dampflok der Baureihe 99.77–79.
Foto: D. Endisch

Die Führerhausseitenwand einer Dampflokomotive der Deutschen Reichsbahn (DR) oder der Deutschen Bundesbahn (DB) ist mit allerlei Schildern und Beschriftungen versehen, aus denen der Fachmann eine Vielzahl von Informationen über die Maschine entnehmen kann. Aber für viele Eisenbahnfreunde sind diese Zahlen- und Buchstabenkombinationen auf den ersten Blick unverständlich. Da diese jedoch von elementarer Bedeutung sind, sollen die wichtigsten Bezeichnungen hier kurz beschrieben werden.

1.1 Bauart und Betriebsgattung

Prinzipiell werden Dampflokomotiven in Deutschland nach ihrer Bauart unterschieden. Allerdings gab es im Deutschen Reich bis Anfang der 1920er-Jahre keine einheitliche Festlegung für die Bezeichnung der **Bauart** einer Maschine. Die meisten Bahnverwaltungen und Lokomotivfabriken bezeichneten lediglich die Achsanordnung der Lokomotiven mit Brüchen. Die Angaben waren jedoch weder einheitlich noch eindeutig. So konnte die Bezeichnung »2/4« für zwei verschiedene Anordnungen der Achsen stehen: Die Maschine besaß zwei gekuppelte Achsen sowie je eine Laufachse vorn und hinten oder aber zwei angetriebene Achsen mit zwei vorderen Laufachsen.

Im englischsprachigen Raum, vor allem in den USA und in Großbritannien, wurden im 19. Jahrhundert bestimmte Achsanordnungen zunächst mit Namen versehen. Um 1900 erdachte schließlich der Ingenieur Frederick Methvan Whyte (1865–1941) der *New York Central Railroad* die nach ihm benannte *Whyte-Notation*. Bei dieser werden die aufeinanderfolgenden Laufräder und Treibräder der Dampflok – nicht die Achsen – gezählt und in der Reihenfolge von vorn nach hinten unterschiedslos mit arabischen Ziffern benannt. Zwischen den Radsatzgruppen stehen Trennstriche. Nachfolgend sind die wichtigsten und bekanntesten Bezeichnungen zusammen mit der Whyte-Notation sowie einer Erläuterung aufgeführt:

Planet	2-2-0	= eine gekuppelte Achse und eine Laufachse vorn
Four wheeler	2-4-0	= zwei gekuppelte Achsen und eine Laufachse vorn
Columbia	2-4-2	= zwei gekuppelte Achsen und je eine Laufachse vorn und hinten
American	4-4-0	= zwei gekuppelte Achsen und zwei Laufachsen vorn
Atlantic	4-4-2	= zwei gekuppelte Achsen und zwei Laufachse vorn sowie eine Laufachse hinten
Double Ender oder Reading	4-4-4	= zwei gekuppelte Achsen und je zwei Laufachsen vorn und hinten
Six-wheeled switcher oder *Bournonais* oder *Sixcoupler*	0-6-0	= drei gekuppelte Achsen
Mogul	2-6-0	= drei gekuppelte Achsen und eine Laufachse vorn
Prairie	2-6-2	= drei gekuppelte Achsen und je eine Laufachse vorn und hinten
Ten wheeler	4-6-0	= drei gekuppelte Achsen und zwei Laufachsen vorn
Pacific	4-6-2	= drei gekuppelte Achsen und zwei Laufachse vorn sowie eine Laufachse hinten
Baltic oder *Hudson*	4-6-4	= drei gekuppelte Achsen und je zwei Laufachsen vorn und hinten
Eight-wheeled switcher oder *Eightcoupler*	0-8-0	= vier gekuppelte Achsen
Consolidation	2-8-0	= vier gekuppelte Achsen und eine Laufachse vorn
Mikado	2-8-2	= vier gekuppelte Achsen und je eine Laufachse vorn und hinten
Mountain	4-8-2	= vier gekuppelte Achsen und zwei Laufachse vorn sowie eine Laufachse hinten
Ten-wheeled switcher oder *Tencoupler*	0-10-0	= fünf gekuppelte Achsen
Decapod	2-10-0	= fünf gekuppelte Achsen und eine Laufachse vorn
Santa FÈ oder *Lorraine*	2-10-2	= fünf gekuppelte Achsen und je eine Laufachse vorn und hinten

▲ *18 201 gehört zweifelsohne zu den bekanntesten deutschen Dampflokomotiven. Mit einer zulässigen Höchstgeschwindigkeit von 180 km/h ist sie die schnellste betriebsfähige Dampflok der Welt. Am Abend des 2. Juni 2011 überquerte die Maschine die Ehle-Brücke bei Biederitz. Foto: St. Matto*

Allerdings gaben diese Bezeichnungen keinerlei Auskunft über die Bauart des Triebwerks. So konnte eine »Pacific« ein Zweizylinder-, ein Dreizylinder- oder ein Vierzylinderverbund-Triebwerk haben (siehe unten und Kapitel 4). Technisch und betrieblich machte dies aber einen großen Unterschied!

Erst die im Ersten Weltkrieg aufkommende Normierung von Baugruppen und Bauteilen mit der Einführung der Deutschen Industrie-Normen (DIN) beendete diesen unklaren Zustand. Die deutschen Lokomotivfabriken gründeten am 13. Februar 1918 den Lokomotiv-Normen-Ausschuss, dessen Vorsitz der Direktor der Hannoverschen Maschinenbau-AG (Hanomag), Erich Metzeltin (09.08.1871–18.04.1948), übernahm. Bevor sich der Ausschuss jedoch um technische Details kümmern konnte, mussten zunächst einmal verbindliche und einheitliche Bezeichnungen für die Bauart der Lokomotiven und die einzelnen Bauteile eingeführt werden. Mitunter gab es für dasselbe Bauteil unterschiedliche Bezeichnungen in Nord- und Süddeutschland. Innerhalb weniger Monate legte der Lokomotiv-Normen-Ausschuss

▲ *Zahlreiche Eisenbahnvereine in allen Teilen Deutschlands erhalten historische Dampflokomotiven. Vor dem Lokschuppen des Traditions-Bw Staßfurt gaben sich im Frühjahr 2000 die Güterzugmaschinen 52 8184-5, 50 3606-6, 50 3695-9 und 41 1231-4 (v.l.) ein Stelldichein.*
Foto: D. Endisch

(LON) die entsprechenden Unterlagen vor. Die LON-Norm Nr. 52 regelte schließlich die Bezeichnung der Bauart, die nun neben Angaben zur Achsfolge auch Informationen zum Triebwerk umfasste. Danach bedeutet die Formel 1´D1´ h2 übersetzt:

1´	= eine bewegliche Laufachse vorne
D	= vier gekuppelte Achsen (A = 1 Achse, B = 2 gekuppelte Achsen, C = drei gekuppelte Achsen, E = fünf gekuppelte Achsen, F = sechs gekuppelte Achsen)
1´	= eine bewegliche Laufachse hinten
h	= Heißdampf-Triebwerk (»n« steht für Nassdampf-Triebwerk)
2	= zwei Zylinder (3 = drei Zylinder, 4 = vier Zylinder)

Mitunter steht hinter der Zylinderzahl noch ein »v« für »Verbundtriebwerk«. Bei diesen Maschinen wird der Dampf zuerst in einem Hochdruckzylinder teilentspannt und gelangt dann in einen deutlich größeren Niederdruckzylinder, wo er ein zweites Mal Arbeit verrichtet.
Auch die **Tender** der Schlepptender-Lokomotiven werden nach einem bestimmten System bezeichnet. Die Abkürzung »2´2´ T 32« bedeutet:

2´2´	= zwei bewegliche Drehgestelle
T	= Tender
32	= 32 m^3 Wasservorrat

Eine wichtige Rolle bei den Bauart-Bezeichnungen spielt der Apostroph hinter den Zahlen oder Buchstaben. Der Apostroph zeigt an, ob die Achsen beweglich gelagert sind

oder fest im Rahmen ruhen. Zum Beispiel besitzen die frühen Tender für die Einheits-Loks der Bauart 2´2 T 30 vorne ein bewegliches Drehgestell mit zwei Achsen und hinten zwei fest im Rahmen gelagerte Achsen.
Welche Bedeutung der Apostroph hat, lässt sich sehr gut an den bekannten Mallet-Lokomotiven (zur Bauart Mallet siehe Abschnitt 5.3 und im Glossar Seite 126) der Harzer Schmalspurbahnen (Baureihe 99.590) und der Meyer-Maschinen (zur Bauart Meyer siehe Abschnitt 5.3 und im Glossar Seite 127) bekannten sächsischen Gattung IV K (Baureihe 99.51–60) zeigen. Während die Meyer-Loks der Gattung IV K als Bauart B´B´n4v bezeichnet werden, gehören die Mallet-Loks zur Bauart B´Bn4v. Der Apostroph hinter dem zweiten B fehlt, da die hinteren Achsen bei den Mallet-Maschinen fest im Rahmen gelagert sind. Ein kleines Zeichen mit einer großen Bedeutung!
Die Deutsche Reichsbahn-Gesellschaft (DRG) führte 1925 im Hinblick auf eine bessere Unterscheidung ihrer Dampflokomotiven noch den Begriff »**Betriebsgattung**« ein. Im Zuge der Einführung der neuen Baureihen-Nummern erhielten nun alle Maschinen auf beiden Seiten des Führerstandes ein so genanntes Gattungsschild, das normalerweise neben dem Aufstieg am Führerhaus montiert wurde. Bei einigen Maschinen wurde die Betriebsgattung auch direkt mit weißer Farbe an das Führerhaus geschrieben.
Das Gattungsschild enthält Informationen über den Verwendungszweck (auch »Bauartgruppe« genannt), die Anzahl der gekuppelten Achsen, die Anzahl der gesamten Achsen und über die mittlere Achsfahrmasse der Maschine. Beispielsweise trugen die Dampflokomotiven der Baureihen 50, 50.35 und 50.40 ein Gattungsschild mit der Aufschrift »G 56 15«:

G bedeutet Güterzuglokomotive

5 bedeutet fünf gekuppelte Achsen

6 bedeutet sechs Achsen insgesamt (ohne Tender)

15 bedeutet eine Achsfahrmasse von 15 Tonnen

Über der Angabe der Achsfahrmasse war bei einigen Maschinen ein Dreieck mit oder ohne waagerecht einem darüber liegenden Rechteck angebracht. Das Dreieck bedeutete, dass die Maschine konstruktiv die Begrenzung des Lichtraumprofils II (Anlage F der Bau- und Betriebsordnung) überragte. Das Rechteck hingegen gab an, dass diese Überschreitung durch das Entfernen einzelner Teile, zum Beispiel durch den Abbau des Schornsteinaufsatzes oder – in späteren Jahren – der Rangierfunkantenne, wieder beseitigt werden konnte.

Neben der Bauartgruppe »G« gab es noch die Bauartgruppen »S« (Schnellzuglokomotiven), »P« (Personenzuglokomotiven), »Pt« (Personenzugtenderlokomotiven), »Gt« (Güterzugtenderlokomotiven), »Z« (Zahnradlokomotiven), »L« (Lokalbahnlokomotiven), »K« (Kleinspur-Lokomotiven, heute Schmalspurlokomotiven).
Die Deutsche Bundesbahn schaffte im November 1951 die Gattungsschilder ab, die in den folgenden Monaten entfernt wurden. Lediglich die Angaben zum Überschreiten des Lichtraumprofils wurden beibehalten. Dieses Schild bezeichnete die DB offiziell als »Begrenzungszeichen«. Die Deutsche Reichsbahn in der DDR rüstete ihre Dampflokomotiven bis zum Ende mit einem Gattungsschild aus. Bei kleineren Baureihen und Einzelgängern verzichtete die DR auf die Anfertigung eines Gattungsschildes. Die entsprechenden Anschriften wurden dann mit weißer Farbe direkt auf die Führerhauswand lackiert.
Am **Führerhaus** einer Dampflok waren neben dem Nummern- und dem Gattungsschild aber noch weitere Schilder angebracht. Über dem Lokschild hatte das so genannte Eigentumsschild seinen Platz. Dies waren entweder der Schriftzug »Deutsche Reichsbahn«, den die DR in der DDR beibehielt, der Schriftzug »Deutschen Bundesbahn« (1949 bis 1957) oder das DB-Signet. Zahlreiche Museumsbahnen, Betreiber von Schmalspurbahnen und Eisenbahn-Vereine haben in den vergangenen Jahren für ihre Lokomotiven neue Eigentumsschilder anfertigen lassen, die in Form und Ausführung oft dem »DB-Keks« oder dem Reichsbahn-Schriftzug nachempfunden sind. Beispielsweise tragen die Maschinen der Harzer Schmalspurbahnen GmbH (HSB) oder der Rügenschen Bäderbahn (RüBB) entsprechende Schilder.
Weiterhin waren am Führerhaus die Schilder der Heimat-Direktion (Rbd = Reichsbahndirektion; ED = Eisenbahndirektion; BD = Bundesbahndirektion) und der Heimat-Dienststelle (Bw = Bahnbetriebswerk) zu finden. Diese Schilder haben heute zum überwiegenden Teil nur noch einen historischen bzw. nostalgischen Wert, denn eine Rbd Halle oder eine BD Hannover sind seit der Gründung der Deutschen Bahn AG (DB AG) am 1. Januar 1994 Geschichte. Auch die Tore des Bw Halberstadt oder des Bw Lehrte haben sich schon vor Jahren für immer geschlossen.
Über dem Gattungsschild war bei vielen Lokomotiven mit weißer Farbe die Abkürzung »WM 10« oder »WM 80« an die Führerhauswand geschrieben. Diese beiden Abkürzungen waren nicht von direkter betriebliche Bedeutung. Sie gaben lediglich die Güte des verwendeten Lagermetalls an. »WM 10« war eine Weißmetall-Legierung mit einem Zinngehalt von rund 10 Prozent. Das hochwertigere und für hö-

01 001

here Belastungen ausgelegte WM 80 besaß dagegen einen Zinngehalt von 79 bis 81 Prozent. Ein roter Punkt neben dem Gattungsschild kennzeichnete schließlich die vorhandene Stahlfeuerbüchse bei einer Lok, wenn es innerhalb einer Baureihe auch Maschinen mit einer Feuerbüchse aus Kupfer gab.

1.2 Das Nummernsystem der DRG

Bis zur Gründung der Reichseisenbahnen am 1. April 1920, die ab 27. Juni 1921 als »Deutsche Reichsbahn« bezeichnet wurden, waren in Deutschland die Länder für die Eisenbahn verantwortlich. So unterhielten Baden, Bayern, Mecklenburg-Schwerin, Oldenburg, Preußen, Sachsen und Württemberg eigene Staatsbahnen. Jede dieser Verwaltungen hatte ihre eigenen Fahrzeuge, die nach länderspezifischen Gesichtspunkten entwickelt worden waren. Jede Staatsbahn besaß natürlich auch ihr eigenes Bezeichnungs- und Nummernsystem. Als die Reichseisenbahnen 1920 die Lokomotiven der Länderbahnen übernahmen, musste zuallererst ein einheitliches System für die über 400 verschiedenen Typen gefunden werden. Das dauerte natürlich seine Zeit. Erst im Herbst 1925 legte das Reichsbahn-Zentralamt (RZA) den so genannten dritten und endgültigen Umzeichnungsplan vor. Das RZA hatte mit ihm ein simples und logisches Nummernsystem geschaffen, das die Deutsche Bahn AG in weiterentwickelter Form noch immer nutzt.

Die Deutsche Reichsbahn unterteilte ihren Fahrzeugpark nach Baureihen (BR) von 01 bis 99 und nach Bauartgruppen:

Baureihe	Bauartgruppe
01–19	Schnellzuglokomotiven
20–39	Personenzuglokomotiven
41–59	Güterzuglokomotiven
60–61	Schnellzugtenderlokomotiven
62–79	Personenzugtenderlokomotiven
80–96	Güterzugtenderlokomotiven
97	Zahnradlokomotiven
98	Lokalbahnlokomotiven
99	Schmalspurlokomotiven

◀ *Die DRG reihte ihre neuen Einheits-Schnellzugloks der Baureihe 01 in den Fahrzeugpark ein. Die imposanten Maschinen gelten bis heute als Inbegriff der deutschen Schnellzug-Dampflok. 01 001 (Aufnahme vom 20.09.1932) verblieb bei der DB, die die Lok 1959 ausmusterte.*

Foto: C. Bellingrodt, Slg. H.-G. Kleine, Slg. transpress

▲ *Die Baureihe 38.10–40, die ehemalige preußische P 8, war mit über 3.400 Exemplaren die meistgebaute deutsche Personenzug-Dampflok. Typisch für die DRG-Lokschilder waren die breiten Messing-Ziffern. Ab Ende 1934 wurden die breiten Ziffern aus Aluminium hergestellt. 1938 führte die Reichsbahn schließlich die von Prof. Richard Klein (1890–1967) entworfenen »spitzen« Ziffern ein.*

Foto: Slg. D. Endisch

Innerhalb der einzelnen Bauartgruppen ordnete das RZA die einzelnen Typen der Achsfolge nach, beginnend mit dem Zweikuppler. Dabei hielt man die erste Dekade immer für die geplanten neuen so genannten Einheitslokomotiven (vgl. dazu Klaus-Jürgen Kühne: *Einheitsdampfloks der Deutschen Reichsbahn*, Stuttgart 2018) frei. In den 1930er-Jahren wich die Reichsbahn jedoch in einigen Fällen von dieser Vorgabe ab, wie die Einheits-Loks der Baureihen 50, 52, 71.0 und 89.0 zeigen.

Die Baureihen-Nummer war jedoch bei den Länderbahn-Maschinen oft nicht mehr als eine Zuteilung. Die bis zu vier Stellen umfassende Ordnungsnummer nutzte das RZA zu einer weiteren Aufteilung in Unterbaureihen. Beispielsweise wurden die von den Länderbahnen übernommenen Schnellzug-Dampfloks mit der Achsfolge 2´C der Baureihe 17 zugeteilt. Innerhalb dieser Baureihe gab es:

- die preußische S 10 (Baureihe 17.0–1),
- die preußische S 10.2 (Baureihe 17.2),
- die bayerische C V (Baureihe 17.3),
- die bayerische S 3/5 N (Baureihe 17.4),
- die bayerische S 3/5 H (Baureihe 17.5),
- die sächsische XII H (Baureihe 17.6),
- die sächsische XII HV (Baureihe 17.7),
- die sächsische XII H1 (Baureihe 17.8) und
- die preußische S 10.1 (Baureihe 17.10–12).

▲ *Mit der Einführung der EDV-gerechten Nummern bei der Deutschen Bundesbahn wurden die ölgefeuerten Maschinen der Baureihe 41 zur Baureihe 042 umgezeichnet. 042 096-8 (ex 41 096) passierte am 11. Juni 1976 mit einem Arbeitszug den Bf Lingen (Ems). Die Maschine blieb erhalten und wird heute in Klein Mahner (bei Salzgitter) betreut. Foto: H.-G. Kleine, Slg. transpress*

Doch nicht nur bei den Länderbahn-Maschinen gab es Unterbaureihen. Die Deutsche Reichsbahn (DRB) führte Ende der 1930er-Jahre auch bei ihren Einheitslokomotiven Unterbaureihen ein. Beispielsweise wurden die aus den Zweizylinderloks der Baureihen 01 und 03 abgeleiteten Dreizylinder-Maschinen als Baureihen 01.10 und 03.10 in Dienst gestellt.
Die DB und die DR in der DDR übernahmen nach dem Zweiten Weltkrieg das bewährte Nummernsystem der DRG, modifizierten es entsprechend ihren Vorstellungen und vergaben einige neue Unterbaureihen. Auf diese Weise kam es schließlich auch zu einigen, wenigen Doppelungen. Während die Baureihe 50.40 bei der DB für die mit Franco-Crosti-Kesseln (zur Franco-Crosti siehe im Glossar Seite 117) ausgerüsteten Maschinen der (alten) Baureihe 50 vergeben wurde, fasste die DR unter der Baureihe 50.40 ihre Neubau-Güterzugdampfloks der Bauart 1´E h2 zusammen. Die Bundesbahn schuf jedoch deutlich weniger neue Unterbaureihen, da sie ihre in den 1950er-Jahren modernisierten Maschinen, die so genannten Umbauloks, nicht umzeichnete. Die DR hingegen vergab für die Mehrzahl ihrer so genannten Reko-Maschinen – diese Bezeichnung leitete sich von dem Begriff Rekonstruktion her – neue Unterbaureihen. So wurden die in der ersten Hälfte der 1960er-Jahre modernisierten Loks der Baureihe 01 fortan als Baureihe 01.5 bezeichnet. Die rekonstruierten Loks der Baureihen 50, 52 und 58 wurden als Unterbaureihen 50.35, 52.80 und 58.30 in den Fahrzeugpark eingereiht. Für die umgebauten Maschinen der ehemaligen preußischen Gattung P 10 (Baureihe 39.0–2) schuf die DR die neue Baureihe 22. Bei den Typen, von denen entweder alle vorhandenen oder die Mehrzahl der Maschinen rekonstruiert wurden, blieben die alten Loknummern erhalten, wie zum Beispiel bei den Baureihen 03, 03.10, 23.0, 18.3 und 19.0. Erst mit der Einführung der EDV-gerechten Betriebsnummern Ende der 1960er- bzw. Anfang der 1970er-Jahre beschritten die beiden deutschen Staatsbahnen unterschiedliche Wege.

1.3 Das EDV-gerechte Nummernsystem der DB

Die Deutsche Bundesbahn setzte am 1. Januar 1968 ihr neues Nummernsystem in Kraft. Die neuen Betriebsnummern konnten nun in der elektronischen Datenverarbeitung genutzt werden. Die DB führte anstelle der bisher zweistelligen eine dreistellige Baureihen-Nummer ein; die Ordnungsnummer war nun generell dreistellig. Die Lokschilder wurden außerdem um eine siebente Kontrollziffer ergänzt, die nach einem Strich hinter der Ordnungsnummer stand. Die Kontrollziffer besaß jedoch betrieblich keine Bedeutung, sondern diente nur dazu, eventuelle Schreib- und Tippfehler bei der Eingabe der Daten zu erkennen.
In den meisten Fällen stellte man bei den Dampflokomotiven der alten Baureihen-Nummer nur eine 0 voran und von den vierstelligen Ordnungsnummern wurde die erste Ziffer gestrichen. Aus der 55 2738 wurde so 055 738-9. In einigen Fällen war die Bundesbahn auch gezwungen, neue Baureihen-Nummern zu vergeben, und zwar bei:

Baureihe 011	Baureihe 01.10 mit Kohlefeuerung
Baureihe 012	Baureihe 01.10 mit Ölhauptfeuerung
Baureihe 042	Baureihe 41 mit Ölhauptfeuerung
Baureihe 043	Baureihe 44 mit Ölhauptfeuerung
Baureihe 051	Loks der Baureihe 50 mit den Ordnungsnummern 1001 bis 1999
Baureihe 052	Loks der Baureihe 50 mit den Ordnungsnummern 2001 bis 2999
Baureihe 053	Loks der Baureihe 50 mit den Ordnungsnummern 3001 bis 3171

▶ *Die kohlegefeuerten Maschinen der Baureihe 44 zeichnete die DB 1969 zur Baureihe 044 um. 044 238-4 (ex 44 238) des Bw Emden war am 17. Mai 1973 mit einem Güterzug bei Neu Mehringen unterwegs. Foto: H.-G. Kleine, Slg. transpress*

044 239-4

▲ *Die DRG schuf 1925 ein einheitliches Bezeichnungsystem, das im Wesentlichen bis heute genutzt wird. Rechts unten ist das Gattungsschild zu sehen. »Gt« steht für »Güterzugtenderlok«.* *Foto: D. Endisch*

Für die Berechnung der **Kontrollziffer** gab es eine exakt festgelegte Methode. Unter die neue Betriebsnummer schrieb man die Ziffernfolge 121212, mit der dann die untereinander stehenden Ziffern multipliziert wurden. Von den Produkten wurde dann die Quersumme berechnet. Die Differenz zwischen der Quersumme und der nächsten Zehnerzahl ergab schließlich die Kontrollziffer. Im Fall der 055 738 sieht das dann so aus:

055 738
121 212
0-10-5-14-3-16
Quersumme: 0 + 1 + 0 + 5 + 1 + 4 + 3 + 1 + 6 = 21
Nächste Zehnerzahl: 30
Berechnung: 30 - 21 = 9
Kontrollziffer: 9

1.4 Das EDV-gerechte Nummernsystem der DR

Die Deutsche Reichsbahn in der DDR zeichnete mit Wirkung zum 1. Juni 1970 ihre Lokomotiven und Triebwagen um und führte damit ihre neuen, EDV-gerechten Betriebsnummern ein. Im Gegensatz zur Bundesbahn behielt die DR bei ihren Dampflokomotiven jedoch die zweistelligen Baureihennummern bei und führte dafür generell vierstellige Ordnungsnummern ein. Die Kontrollziffer hinter dem Strich hatte, wie bei der Bundesbahn, keine direkte betriebliche Bedeutung und wurde nach demselben Schema ermittelt.

Die Reichsbahn nutzte die Ordnungsnummern fortan dazu, um die Feuerungsart der Lokomotiven zu kennzeichnen. Kohlegefeuerte Maschinen erhielten die Ordnungsnummern 1001 bis 8999. Bei dreistelligen Ordnungsnummern wurde meist nur eine 1 vorangestellt. Ausnahmen bildeten die Baureihen 01 und 03. Die Altbau-Maschinen der Baureihe 01 und die Zweizylinderloks der Baureihe 03 bekamen eine 2. Daher wurde aus der 01 118 die 01 2118-6. Maschinen mit einer Ölhauptfeuerung, wie z.B. die Baureihen 01.5, 03.10, 44, 50.50 und 95.0, wurden mit einer 0 als erster Ziffer in der Ordnungsnummer gekennzeichnet. Die 95 016 wurde so zur 95 0016-6. Dampfloks mit einer Kohlenstaubfeuerung erhielten hingegen eine 9000er-Nummer. Dies betraf 1970 aber nur noch die kohlenstaubgefeuerten Maschinen der Baureihen 44Kst und 52Kst.

Um Verwechselungen mit Diesel- und Elektroloks durch eine falsche Schreibweise oder Eingabefehler zu verhindern, zeichnete die DR einige wenige Baureihen um. Dadurch entstanden 1970 folgende neue bzw. modifizierte Baureihen:

Baureihe 01.00	Baureihe 01.5 mit Ölhauptfeuerung
Baureihe 01.15	Baureihe 01.5 mit Kohlefeuerung
Dampflok 02 0201-0	Dampflok 18 201
Dampflok 02 0314-1	Dampflok 18 314
Baureihe 03.00	Baureihe 03.10 mit Ölhauptfeuerung
Baureihe 04.00	Baureihe 19 mit Ölhauptfeuerung
Baureihe 35.10	Baureihe 23.10
Baureihe 35.20	Baureihe 23.0
Baureihe 37.10	Baureihe 24
Baureihe 39.10	Baureihe 22
Baureihe 44.00	Baureihe 44Öl
Baureihe 44.9	Baureihe 44Kst
Baureihe 50.00	Baureihe 50.50
Baureihe 52.9	Baureihe 52Kst
Baureihe 95.00	Baureihe 95 mit Ölhauptfeuerung

▶ *Die DR behielt 1970 bei der Einführung der EDV-gerechten Betriebsnummern die zweistelligen Baureihennummern bei. Daher musste das Lokschild der 50 3570-4 nur durch die Kontrollziffer ersetzt werden.* *Foto: Dr. M. Dettenberg*

Deutsche Reichsbahn
WM 10
G 56 15
50 3570-4
Rbd Schwerin
Bw Wittenberge

Bei den noch vorhandenen zahlreichen Schmalspur-Dampflokomotiven diente die Tausenderstelle der Ordnungsnummer nicht nur zur Kennzeichnung der Feuerungsart, sondern auch der Zuordnung der Spurweite. Aus diesem Grund erhielten Maschinen mit 600 mm Spurweite 3000er-Nummern. Die Maschinen mit 750 mm Spurweite bekamen hingegen 1000er- und 4000er-Nummern. Dabei brauchte man den Ordnungsnummern der Baureihen 99.51–60, 99.64–71, 99.73–76 und 99.77–79 nur eine 1 voranzustellen. So wurde am 1. Juni 1970 aus der 99 771 die 99 1771-7. Die 2000er-Nummern wurden den Loks mit 900 mm Spurweite zugewiesen. Dabei wurde der alten Ordnungsnummer nur eine 2 vorangestellt. Den meterspurigen Dampfloks wies die DR hingegen 5000er-, 6000er- und 7000er-Ordnungsnummern zu. Die Ordnungsnummern der Baureihen 99.22 und 99.23–24 wurden dabei nur um eine 7 ergänzt. Die 99 231 trug nun die Betriebsnummer 99 7231-6. Mit dem Umbau der Baureihe 99.23–24 auf Ölhauptfeuerung in der zweiten Hälfte der 1970er-Jahre änderten sich die Nummern noch einmal. Die 7 wurde nun durch eine 0 ersetzt.

▲ *Die DR reihte die rekonstruierten Schnellzugloks der Baureihe 01 als Baureihe 01.5 in den Fahrzeugpark ein. Am 21. Februar 2004 versammelten sich im Bw Arnstadt 01 1531-1, 01 0509-8 und 01 519 (vl.). Während 01 519 ihre bis zum 31. Mai 1970 gültige Betriebsnummer trug, besaßen die kohlegefeuerte 01 1531-1 und die ölgefeuerte 01 0509-8 ihre EDV-gerechten Lokschilder.*
Foto: D. Endisch

1.5 Das Nummernsystem ab 1992

Mit der deutschen Wiedervereinigung im Herbst 1990 und der nun notwendigen Fusion von Bundes- und Reichsbahn stand auch die Schaffung eines einheitlichen Nummernsystems für beide Bahnen zur Debatte. Aus technischen und finanziellen Gründen wurden schließlich die Betriebsnummern der Reichsbahn-Loks dem System der Deutschen Bundesbahn angepasst. Die Maschinen der DR erhielten ab 1. Januar 1992 neue Nummern. Die Dampfloks bekamen nun, wie bei der DB seit 1968 üblich, eine dreistellige Baureihen- und eine dreistellige Ordnungsnummer. Bei den Regelspur-Lokomotiven wurde der Baureihennummer lediglich eine 0 vorangestellt und bei der Ordnungsnummer die erste Ziffer gestrichen. Da die Bundesbahn im Jahr 1992 keine Dampfloks mehr in ihrem Bestand hatte, waren doppelte Nummern im Fahrzeugpark ausgeschlossen. Aus der Heizlok 44 2397-8 des Bw Sangerhausen wurde nun 044 397-3, die erst im Frühjahr 1992 ausgedient hatte. Doch die wenigsten regelspurigen Dampfloks erhielten noch die neuen Nummernschilder – die DR bot die Maschinen zum Verkauf an.
Bei der Umzeichnung der Schmalspur-Dampfloks trieb die DR einen deutlich größeren Aufwand. Sie vergab völlig neue Ordnungsnummern, die keine Rückschlüsse mehr auf die alte Nummer zuließen. Dabei wurden die neuen Ordnungsnummern nach Spurweiten geordnet:

BR 099.1	Spurweite	1.000 mm
BR 099.7	Spurweite	750 mm
BR 099.9	Spurweite	900 mm

Lediglich den Schmalspur-Dampfloks des Bw Wernigerode blieb die Umzeichnung zur Baureihe 099.1 aufgrund der beschlossenen Privatisierung der Harzquer-, Brocken- und Selketalbahn erspart. Die anderen Maschinen erhielten hingegen im Dezember 1991 neue Lokschilder, die bei den meisten Eisenbahnfreunden wenig Begeisterung hervorriefen. Nach der Privatisierung der Schmalspurbahnen an der Ostseeküste und in Sachsen führten die neuen Betreiber wieder die bis 1970 geltenden Betriebsnummern ein oder sie ließen ihre Maschinen mit den so genannten EDV-Schildern (Betriebsnummern ab 1. Juni 1970) ausrüsten. Bei den Harzer Schmalspurbahnen (HSB) trifft der Eisenbahnfreund beide Varianten an. Während 99 222, 99 234, 99 236, 99 5901, 99 5902 und 99 6001 planmäßig mit den bis 1970 üblichen Betriebsnummern im Einsatz sind, tragen die anderen Dampfloks die für die 1970er- und 1980er-Jahren typischen EDV-Schilder.

▲ *Bei der Einführung des gemeinsamen Nummernsystems von Bundes- und Reichsbahn am 1. Januar 1992 verloren die noch vorhandenen Schmalspur-Dampfloks ihre Jahrzehnte alten Ordnungsnummern. Hinter 099 713-0, die am 14. Oktober 1992 im Bf Oschatz rangierte, verbarg sich 99 608.* *Foto: D. Endisch*

2. Kohle, Feuer und Wasser: Ohne Physik und Chemie geht es nicht

Egal ob Schnellzug- oder Schmalspur-Maschine, jede Dampflokomotive funktioniert nach den gleichen Prinzipien. 99 1713-9 legte am 14. April 2018 im Bf Schlössel (Museumsbahn Steinbach–Jöhstadt) einen kurzen Zwischenhalt ein. Foto: D. Endisch

99 1713-9
Schlössel
Fahrkartenverkauf
am Zug

2.1 Temperatur und Wärme

Soll Wasser in einem Topf erhitzt werden, muss man die dazu notwendige Wärme zuführen. Die Temperatur wird in Deutschland in Grad Celsius (° C) angegeben. In anderen Ländern sind auch Grad Fahrenheit[1] (° F) oder Grad Réaumur[2] (° Ré) gebräuchlich. Der schwedische Astronom und Wissenschaftler Anders Celsius (07.12.1701–06.05.1744) erfand 1742 die nach ihm benannte 100-teilige Temperaturskala. Allerdings nahm Celsius den Siedepunkt des Wassers als Nullpunkt und den Gefrierpunkt als 100. Punkt an. Erst Carl von Linné (23.05.1707–10.01.1778) kehrte die Skala um.

Die Wärmemenge wird als »Wärmeeinheit« bezeichnet. Sie wurde früher in Kilokalorien (kcal) angegeben. Heute ist die Maßeinheit Joule (J) gebräuchlich.

Wird ein Körper erwärmt, so vergrößert er sein Volumen, er dehnt sich aus. Kühlt ein Körper ab, so zieht er sich wieder zusammen. Wasser hingegen hält sich nicht an dieses Gesetz der Physik. Wasser hat sein kleinstes Volumen bei 4° C und bei dieser Temperatur auch seine größte Dichte. Wird Wasser über 4° C erwärmt, dehnt es sich aus. Auch bei Temperaturen unter 4° C vergrößert Wasser sein Volumen.

2.2 Die Verbrennung

Ohne Feuer auf dem Rost, egal ob mit Holz, Kohle oder Heizöl, setzt sich keine Dampflok in Bewegung. Doch was ist eine *Verbrennung*? Erhitzt man einen brennbaren Stoff in Gegenwart von Sauerstoff bis zu seinem Flammpunkt, dann verbrennt er mit einem Feuer und gibt Wärme ab. Für eine Verbrennung braucht man also immer einen festen, flüssigen oder gasförmigen Brennstoff, Sauerstoff (die Luft enthält normalerweise 21 Prozent Sauerstoff) und die Entzündungstemperatur.

Bei den meisten Dampflokomotiven wird in der Feuerbüchse Kohle verbrannt. Die dazu notwendige Luft wird von unten durch die Rostspalten angesaugt. Die in der Feuerbüchse erzeugte Wärmemenge ist vom Heizwert des verwendeten Brennstoffs und der so genannten Rostbelastung, also der in einer Stunde auf einem Quadratmeter Rostfläche verfeuerten Brennstoffmenge, abhängig. Die Rostfläche bleibt konstant. Unter *Heizwert* versteht man die Wärmemenge, die ein Kilogramm eines Brennstoffes bei vollkommener Verbrennung abgibt. Der Heizwert wurde früher in Kilokalorien pro Kilogramm (kcal/kg) angegeben. Eine Kilokalorie ist die Wärmemenge, die ein Kilogramm Wasser aufnimmt, wenn es von 14,5° C auf 15,5° C erwärmt wird. Heute hingegen wird dafür die Maßeinheit Megajoule pro Kilogramm (MJ/kg) verwendet. Die Heizwerte der Brennstoffe ermitteln Labors mit Hilfe der so genannten kaliometrischen Bombe. In dem dickwandigen, luftdicht verschlossenen Gefäß wird die Brennstoffprobe mit reinem, verdichteten Sauerstoff verbrannt und die abgegebene Wärmemenge mit Messgeräten erfasst.

Heizwerte ausgewählter Brennstoffe (gerundete Mittelwerte)

Brennstoff	Heizwert (kcal/kg)
Anthrazit	8.000
Steinkohle (Ruhrgebiet)	7.200 bis 7.900
Steinkohlenbriketts (Ruhrgebiet)	7.400
Steinkohle (Oberschlesien)	6.800 bis 7.400
Steinkohlenbriketts (Oberschlesien)	6.800
Steinkohlenkoks	6.700 bis 7.000
Rohbraunkohle	2.100 bis 2.900
Braunkohlenbriketts	4.500 bis 5.100
Torf (trocken)	3.500
Holz	3.400 bis 4.100
Heizöl (schwer)	9.700

Alle Brennstoffe bestehen im Wesentlichen aus Kohlenstoff und Wasserstoff. Außerdem enthalten sie unterschiedliche Mengen Schwefel, Sauerstoff, Stickstoff, Wasser und Asche.

Bei der Verbrennung wird der Brennstoff zuerst entgast. Die dabei entweichenden brennbaren Gase verbrennen sofort. Während dieses Vorganges beginnen auch die festen Bestandteile zu brennen. Je höher der Anteil an leicht flüchtigen Bestandteilen ist, desto schneller fängt der Brennstoff Feuer. Zwischen den einzelnen Kohlesorten gibt es jedoch erhebliche Unterschiede: Beispielsweise brennt oberschlesische Steinkohle aufgrund ihres höheren Anteils flüchtiger Bestandteile deutlich schneller als die Kohle aus dem Ruhrgebiet. In der Praxis heißt das für den Heizer, dass er bei oberschlesischer Kohle mit einem deutlich flacheren Feuer fahren muss.

Schon bei relativ geringer Wärmezufuhr entzünden sich die Gase, die bei ausreichender Temperatur und sehr gu-

▲ *Ohne Kohle geht nichts: Stillleben im Kohlenbansen von Cranzahl am 24. Oktober 2014.* *Foto: D. Endisch*

ter Luftzufuhr unter Flammenbildung zu Kohlendioxid (CO_2) und Wasserdampf verbrennen. Der feste Kohlenstoff verbrennt nur zu CO_2. Je nach Zusammensetzung der Kohle entstehen auch Schwefel-Oxide. Reicht die zugeführte Luft nicht aus, so ist die Verbrennung unvollkommen und der Kohlenstoff kann nur zu Kohlenmonoxid (CO) verbrennen. In der Praxis ist das durch eine starke Rauchentwicklung zu erkennen, die nicht nur die Umwelt belastet, sondern auch mit einem erheblichen Energieverlust verbunden ist. Aus diesem Grund soll in der Feuerbüchse stets ein Überschuss an Verbrennungsluft herrschen. Außerdem sollte die Luft möglichst gut vorgewärmt sein und gleichmäßig über die gesamte Rostfläche verteilt werden.

Für die Verbrennung von einem Kilo guter Steinkohle werden rund acht Kubikmeter Luft benötigt. Die so genannte vollkommene Verbrennung verlangt einen Luftüberschuss von rund 50 Prozent, also zwölf Kubikmeter Luft. Luftklappen, Rostspalten und die Saugzuganlage des Kessels müssen für diesen Luftdurchsatz ausgelegt sein. Bei der Kohlenstaub- und der Ölhauptfeuerung kann der Luftüberschuss aufgrund der feinen Verteilung des Brennstoffs deutlich kleiner ausfallen.

Die Luft gelangt jedoch nicht »freiwillig« zum Rost. Feste Kesselanlagen erzeugen den notwendigen Saugzug durch ihre Schornsteine, die im Durchschnitt zwischen 60 und 80 Meter hoch sind. Selbst Kamine und Kachelöfen, die deutlich weniger Brennstoff umsetzen als eine Dampflok, haben acht bis zehn Meter hohe Schornsteine. Die fehlende Schornsteinhöhe wird bei Dampflokomotiven durch das *Blasrohr* ersetzt. Der Abdampf der Maschine wird mittels eines Düsenkranzes durch die Schornsteinöffnung gedrückt. Dabei entsteht in der luftdicht abgeschlossenen Rauchkammer ein Unterdruck, der sich durch die Heiz- und Rauchrohre bis in die Feuerbüchse fortsetzt. Durch die Rostspalten und die am Aschkasten montierten Luftklappen wird dann die benötigte Verbrennungsluft angesaugt. Die exakte Berechnung der *Saugzuganlage* gehört zur hohen Kunst der Dampflok-Konstruktion. Ist der Saugzug zu schwach, kann es leicht

▲ *Lokführer und Heizer versorgten am 24. November 1993 in der Est Mügeln ihre Maschine mit neuem Brennstoff. Foto: D. Endisch*

zu Dampfmangel kommen. Bei zu starkem Saugzug hingegen kann der Gegendruck in den Zylindern zu groß werden. Das führt wiederum zu Leistungseinbußen. Die Eisenbahner in den Ausbesserungswerken und Direktionen sahen es deshalb nicht gerne, wenn die Personale an den Saugzuganlagen ihrer Maschine eigenmächtig »herumbastelten«. Es gab Lokführer, die den Saugzug ihrer Maschine vergrößerten, indem sie den Düsenring durch einen Steg verengten. Dieser als »Gebiss« bezeichnete Eigenumbau brachte zwar eine bessere Verbrennung und einen lauteren Auspuffschlag, führte aber auch zu einem höheren Gegendruck im Zylinder und damit letztlich zu einer geringeren Maschinenleistung.

Bei der vollkommenen Verbrennung von einem Kilogramm Anthrazit wird so viel Energie frei, dass acht Kubikmetern Wasser von 14,5° C auf 15,5° C erwärmt werden können. Mit einer geringeren Wassermenge steigt natürlich die Temperaturdifferenz, d.h. 0,8 m^3 Wasser könnten von 10° C auf 20° C, 0,16 m^3 Wasser sogar von 10° C auf 60° C erwärmt werden. Allerdings sind dies nur theoretische Werte. In der Praxis treten aber erhebliche Verluste auf. Dazu gehören:

- **Abgasverluste**: Zwar waren die Dampflok-Konstrukteure immer bestrebt, einen möglichst idealen Wärmeübergang von den Rauchgasen über die Wandungen der Feuerbüchse sowie der Heiz- und Rauchrohre an das Wasser im Kessel zu erreichen, doch die mit dem Eisenbahnbetrieb verbundenen baulichen Zwänge sowie Kesselstein auf der Wasserseite des Kessels und Rußablagerungen in den Rohren führen zu Wärmeverlusten von rund 22 Prozent.
- **Verluste durch Unverbranntes**: Durch die Rostspalten gefallene Kohleteilchen, unverbrannte Kohle in der Schlacke, Flugasche in der Rauchkammer und Funkenflug führten ebenfalls zu einem nicht unerheblichen Energieverlust, der mit rund sechs Prozent angegeben wurde. Durch schlechten Brennstoff oder falsche Feuerführung konnte dieser Anteil erheblich ansteigen. Es gab aber auch Möglichkeiten, diese Verluste zu minimieren, wie dies bei Ölhaupt- und Kohlenstaubfeuerungen der Fall war.

▲ *Die Verbrennungsrückstände sammeln sich auf dem Rost, im Aschkasten oder in der Rauchkammer. Der Lokheizer der 99 1564-6 entfernte im Sommer 1997 in der Est Oberwiesenthal die Schlacke aus einer IV K. Foto: D. Endisch*

▲ *Dunkle Rauchwolken künden von einer ungenügenden Verbrennung: Stark qualmte am 12. März 1999 die Lok 206 des Hessencourier in Kassel-Wilhelmshöhe.* *Foto: D. Endisch*

- **Wärmeabstrahlung**: Auch hier waren die Ingenieure immer bestrebt, den Kessel so gut es ging, zu isolieren. Trotzdem veranschlagten sie immer einen Verlust von drei Prozent.

Daher lag der für die Leistungsberechnung veranschlagte theoretische Wirkungsgrad des Dampflok-Kessels bei rund 68 Prozent. Bei den späteren Probefahrten zeigte sich dann, dass einige Baureihen besser und andere wiederum schlechter abschnitten.

Außerdem bestimmte die *Rostbelastung* die freigesetzte Wärmemenge. Die meisten deutschen Dampfloks waren für die Verfeuerung von Steinkohle ausgelegt. Bei voller Kessel- und Maschinenleistung vermochten sie, auf einem Quadratmeter Rostfläche pro Stunde 400 bis 450 kg Steinkohlen zu verbrennen. Dies stellte wirtschaftlich das Optimum dar. Bei länger anhaltender Überlastung der Maschine verschlechterte sich jedoch die Verbrennung.

Zuviel aufgeworfene Kohle, tote Stellen im Feuerbett oder Schlacke auf dem Rost verschlechterten ebenfalls die Verbrennung. Bei voller Leistung musste also ein Heizer auf einer Lok mit einer rund 4 m^2 großen Rostfläche in der Stunde etwa 1,2 Tonnen Kohle verfeuern. Auch wenn die Leistung einer Dampflok technisch durch die Rostfläche vorgegeben war, das Können und die physische Kratt eines Heizers waren ebenso entscheidend.

95 027
13
8

▲ In der warmen Jahreszeit ist der Abdampf aus dem Schornstein nur selten zu sehen. Am 15. September 2017 war 99 236 mit ihrem Personenzug zum Brocken bei Drei Annen Hohne unterwegs. Foto: D. Endisch

2.3 Der Dampf

Jeder kennt das: Erhitzt man Wasser in einem Topf bei normalem Luftdruck, so steigt die Temperatur des Wassers auf höchstens 100° C an. Daran ändert sich auch bei weiterer Wärmezufuhr nichts. Das Wasser beginnt zu kochen und verdampft schrittweise mit einer deutlichen Blasenbildung. Die Temperatur des Wassers ist nun identisch mit der Temperatur des Dampfes. Als »Siedepunkt« bezeichnet man die Temperatur, bei der das Wasser anfängt zu kochen. Die dabei entstehende Dampfmenge ist von der zugeführten Wärmemenge abhängig.

Wer einen Deckel auf den Wassertopf legt, wird feststellen, dass der Dampf versucht, den Deckel anzuheben. Wer den Deckel nun auf dem Topf festhalten will, muss schon Kraft aufbringen, denn der Dampf übt einen Druck aus. Doch wie entsteht dieser? Bei der Verdampfung in einem geschlossenen Gefäß füllen die Dampfmoleküle den Raum oberhalb des Wasserspiegels. Bei einem Druck von 1 kp/cm² ist das System im Gleichgewicht, d.h. den im Wasser befindlichen Teilchen fehlt die Energie, sich gegen die von oben drückenden Dampfmoleküle durchzusetzen. Führt man dem Wasser weitere Wärme zu, gelangen weitere Dampfmoleküle nach oben. Nun müssen die Teilchen sozusagen »enger« zusammenrücken, wobei sie eine Kraft, also den Druck, auf die Wandung des Gefäßes erzeugen.

Als Maßeinheit für den Druck verwendete man früher Atmosphäre (at), Kilopond pro Quadratzentimeter (kp/cm²) oder bar. Sie alle entsprachen der Kraft, die ein Gewicht von einem Kilogramm auf die Fläche von einem Quadratzenti-

◀ Mit einer einwandfreien weißen Dampfwolke war die als »Berg königin« bezeichnete 95 027 am 10. Dezember 2011 bei Rübeland durch den Harz. Foto: D. Endisch

▲ *Ohne Wasser, kein Dampf: Am Wasserkran im ehemaligen Bw Adorf löschte 52 8075-5 am 29. September 2001 ihren Durst.* *Foto: D. Endisch*

meter ausübte. Heute wird der Druck in Megapascal (MPa; 1 MPa = 10 kp/cm^2 bzw. 10 bar bzw. 10 at) angegeben.
Die Siedetemperatur des Wassers verändert sich mit dem Druck. Nimmt der Druck zu, steigt die Siedetemperatur. Fällt der Druck, sinkt auch die Siedetemperatur. Bei einem Druck von 10 kp/cm^2 beträgt die Siedetemperatur 183° C, bei 15 kp/cm^2 sind es bereits 200,5° C, bei 16 kp/cm^2 203° C. Um ein Kilogramm Wasser mit einer Temperatur von 0° C (also rund ein Liter) in gesättigten Dampf – den so genannten **Nassdampf** – umzuwandeln, werden 639 kcal benötigt. Der Wärmeinhalt des gesättigten Dampfes besteht dabei aus zwei Teilen – der Flüssigkeitswärme und der Verdampfungswärme. Die Flüssigkeitswärme beträgt rund 100 kcal. Dies ist die Wärmemenge, die das Wasser aufnimmt, um 100° C zu erreichen. Die 100 kcal speichert das Wasser, ohne eine Dampfblase zu erzeugen. Die Verdampfungswärme von 539 kcal wird benötigt, um das Wasser vollständig zu verdampfen. Die Verdampfungswärme ist jedoch latent, das bedeutet, sie kann mit dem Thermometer nicht gemessen werden. Diese Wärme wird bei der Verdampfung in Arbeit umgesetzt. Da die Temperatur des Kesselspeisewassers jedoch deutlich über 0° C liegt, ist die zur Verdampfung notwendige Gesamtwärme aufgrund der im Wasser enthaltenen Flüssigkeitswärme kleiner. Die zur Dampferzeugung notwendige Gesamtwärmemenge wird als Erzeugungswärme bezeichnet. Mit steigendem Druck nimmt die benötige Wärmemenge zum Verdampfen ab. Die Verdampfungswärmemenge beträgt bei einem Druck von 10 kp/cm^2 rund 478 kcal/kg; bei 16 kp/cm^2 sind es etwa 460 kcal. Parallel dazu steigt der Wärmeinhalt des Dampfes von ca. 663 kcal/kg (bei 10 kp/cm^2) auf 668 (bei 16 kp/cm^2).
Da sich mit normalem Wasserdampf keine Dampfmaschine antreiben lässt, muss der Dampf unter Spannung stehen. Dies geschieht im Kessel, der meist für Betriebsdrücke zwischen 12 und 16 kp/cm^2 ausgelegt ist.
Der Nassdampf ist jedoch für die Verwendung in der Dampfmaschine nicht optimal. Die im Nassdampf enthaltene Feuchtigkeit ist höchst unterschiedlich. Wird an der Leistungsgrenze der Maschine viel Dampf entnommen, können leicht Wasserteilchen in den Dampf gelangen. Die im Wasser aufsteigenden Dampfblasen platzen beim Durchtritt durch die Wasseroberfläche und nehmen dabei Wasserteilchen mit in den Dampfraum. Dies kann man jedoch durch einen nicht zu hohen Wasserstand im Kessel und durch vorsichtiges Bedienen des Reglers in Grenzen halten. Allerdings kommt der Dampf auf seinem Weg vom Kessel zum Zylinder mit zahlreichen Teilen in Berührung, deren Temperatur deutlich geringer ist. Nassdampf besitzt die Eigenschaft, seine Wärmeenergie leicht an kältere Teile abzugeben. Dabei kondensieren einzelne Dampfteile zu Wasser, die dann als feuchter Nebel im Dampf schweben. Wird der Dampf zu feucht, setzen sich die Wassertröpfchen an den Teilen ab. Da Wasser weniger Raum beansprucht, als die gleiche Gewichtsmenge Dampf, sinkt der Druck, noch bevor der Dampf im Zylinder entspannt wurde. Dies bedeutet einen höheren Dampf- und damit auch Kohlenverbrauch.
In den Ein- und Ausströmkanälen der Zylinder kühlt sich der Dampf meist am stärksten ab. Die Temperatur der Ka-

▲ *Die DR beschaffte fast ausschließlich Heißdampf-Maschinen. Dazu gehörte auch die Einheitstenderlok 86 1607-0, die am 29. September 2001 im ehemaligen Bw Adorf stand.* *Foto: D. Endisch*

näle entspricht während des Arbeitsvorganges der Maschine in etwa dem Mittelwert der Ein- und Austrittstemperatur des Arbeitsdampfes. Bei einem Schieberkastendruck von 10 kp/cm^2 hat der Nassdampf eine Temperatur von rund 183° C. Nach dem Arbeitsprozess hat er im Ausströmkanal eine Temperatur von etwa 103° C. Die mittlere Zylindertemperatur, die mit 143° C deutlich unter der Dampftemperatur liegt, sorgt für die enormen Abkühlungsverluste. Diese zwangsläufige Abkühlung würde keinen Energieverlust bedeuten, wenn der Nassdampf seine Wärme ohne Kondensationsverluste abgeben würde.

Schon Ende des 19. Jahrhunderts kannten die Ingenieure diese negativen Eigenschaften des Nassdampfes. Mit so genannten Dampftrocknern, die dem vom Wasser getrennten Dampf noch einmal Wärme zuführten, damit die im Dampf enthaltenen Wassertröpfchen noch verdampften, versuchten sie, dieses Problem zu lösen. Doch Aufwand und Nutzen standen in keinem richtigen Verhältnis, die Dampftrockner kosteten mehr als sie einsparten.

Erst Wilhelm Schmidt (18.02.1858–16.02.1924) löste das Problem. Er »erfand« den **Heißdampf**: Wird der im Kessel bei einem Druck von 12 kp/cm^2 erzeugte Sattdampf über seine Temperatur von 190° C auf 350° C erhitzt, kann der Dampf bei konstantem Druck um 160° C abgekühlt werden, ohne dass die Kondensation einsetzt und somit Leistungsverluste auftreten. Dem im Kessel erzeugten Nassdampf muss nur nach dem Verlassen der Wasseroberfläche weitere Wärme zugeführt werden. Dies geschah in besonderen Heizschlangen in den Rauchrohren, den Überhitzern. Dort wurde der Dampf zuerst getrocknet. Bei einem gleichbleibenden Dampfdruck stieg die Temperatur um 100 bis 150° C über die des Sattdampfes. Als ideal für den Dampf-

▲ *Zu den bekanntesten deutschen Dampflokomotiven zählt die preußische T 3, eine Nassdampflok. Zu den letzten Vertreterinnen dieser Gattung gehört die mit einem Schlepptender ausgerüstete 89 6009. Die Maschine legte am 16. Mai 1980 mit einem Sonderzug im Bf Klötze einen Halt ein.*
Foto: Slg. D. Endisch

lokbetrieb erwiesen sich später Heißdampftemperaturen zwischen 350 und 400° C. Höhere Temperaturen waren nutzlos, da die Energie in den Zylindern nicht genutzt werden konnte und der Auspuffdampf unnötig heiß war. Außerdem musste dann für die Schmierung der Kolben und Schieber besseres und damit teureres Öl verwendet werden. Der Überhitzer einer Lok war richtig konstruiert, wenn der entspannte Dampf bis zur Sättigungsgrenze abgekühlt war.
Durch die Überhitzung des Dampfes wurde das spezifische Volumen um 20 bis 25 Prozent vergrößert. So konnten bei einer Heißdampflok also aus einem Kubikmeter Wasser bei konstantem Druck 10 bis 25 Prozent mehr Zylinderfüllungen gewonnen werden als bei einer Nassdampf-Maschine. Die wirtschaftlichen Vorteile lagen also auf der Hand: Heißdampfloks sparten bis zu 30 Prozent Wasser, was sich im Betrieb durch einen größeren Aktionsradius bemerkbar machte. Zudem verbrauchten Heißdampfloks bis zu 20 Prozent weniger Brennstoff. Allerdings waren Heißdampfloks durch ihre Überhitzer in der Beschaffung und Unterhaltung teurer als vergleichbare Nassdampfloks. Letztlich setzte sich in der Praxis aber die Heißdampflok durch.
Bleibt die Frage: Wie viel Dampf liefert ein Kessel? Primär ist das von der Heizfläche abhängig, die sich aus der direkten, also der Strahlungsheizfläche, und der indirekten, also der Rohrheizfläche (Heiz- und Rauchrohre) zusammensetzt. Die Strahlungsheizfläche der Feuerbüchse ist dabei die hochwertigere Heizfläche, die auch die größte Verdampfungsleistung hat. Die Leistung der Rohrheizfläche nimmt mit der Länge der Rohre ab, da sich die Rauchgase auf dem Weg von der Feuerbüchse zur Rauchkammer immer stärker abkühlen. Richard Paul Wagner (25.08.1882–15.02.1953), der Bauart-Dezernent der Deutschen Reichsbahn-Gesellschaft (DRG) und »Vater der Einheitslokomotiven«, vertrat in den 1920er-Jahren die Meinung, die Rauchgase müssten durch möglichst lange Heiz- und Rauchrohre optimal ausgenutzt werden. Da dadurch die Abgasverluste auf ein Minimum beschränkt werden konnten, erreichten die meisten Einheitslokomotiven ausgezeichnete Kesselwirkungsgrade, die in der Fachwelt für Aufsehen sorgten. Als Leistungsgrenze definierte Wagner für die Einheitsloks der DRG eine spezifische Heizflächenbelastung von 57 kg/m^{2}h. Das bedeutete, jeder Kessel musste in einer Stunde pro Quadratmeter Verdampfungsheizfläche 57 kg Wasser verdampfen. Auf diesem Wert basierten auch die Leistungsberechnungen für die Maschinen. Allerdings offenbarten die so genannten Langrohrkessel der Einheitsloks recht bald ihre Schwächen. Häufiges Fahren an der Leistungsgrenze und darüber quittierten die Dampferzeuger mit Schäden. Die Kessel der preußischen

▲ *Die süddeutschen Länderbahnen bevorzugten die Verbund-Technik. Die Baureihe 19.0, die ehemalige sächsische XX HV, war bei ihrer Indienststellung 1918 die größte Schnellzug-Dampflok Europas. Doch bei den als »Sachsenstolz« bezeichneten Maschinen waren die Kessel- und Triebwerksleistung nur unzureichend aufeinander abgestimmt. 19 004 (Bw Reichenbach) stand 1931 im Bw Hof.*
Foto: W. Hubert, Slg. D. Endisch

P 8 (Baureihe 38.10–40) konnten hingegen deutlich höher belastet werden, ohne dass etwas passierte. Spätere Untersuchungen der Lokomotiv-Versuchsabteilung (LVA) Grunewald der DRG zeigten, dass die Kessel der P 8 und anderer Länderbahn-Maschinen besser abgestimmt waren. In den 1930er-Jahren setzte sich schließlich die Erkenntnis durch, dass die direkte Heizfläche und die indirekte Heizfläche in einem bestimmten Verhältnis stehen müssen, damit die spezifische Heizflächenbelastung gesteigert werden kann. Die Strahlungsheizfläche konnte zwar durch einen größeren Rost erhöht werden, doch Rostflächen über 5 m^2 konnten nicht mehr von Hand beschickt werden. Die Lösung brachte die **Verbrennungskammer**, eine Verlängerung des oberen Teils der Feuerbüchse. Allerdings lehnte Richard Paul Wagner die Verbrennungskammer rundhorum ab, die er als *»Verlegenheitslösung des Ingenieurs«* bezeichnete. Erst nach dem Zweiten Weltkrieg nutzten die Deutsche Bundesbahn (DB) und die Deutsche Reichsbahn (DR) in der DDR die Verbrennungskammer. Die nun entwickelten Verbrennungskammer-Kessel erreichten spezifische Heizflächenbelastungen von 75 kg/m^2h und mehr. Den wohl besten Kessel aller deutschen Dampflokomotiven besaß die Baureihe 66 der DB. Bei Versuchsfahrten erreichte dieser Dampferzeuger eine spezifische Heizflächenbelastung von bis zu 90 kg/m^2h. Die größte Dampfmenge vermochte hingegen der Kessel der Baureihe 01.5. der DR zu erzeugen: 16,8 Tonnen je Stunde.

Anmerkungen:

1 benannt nach Daniel Gabriel Fahrenheit (24.05.1686–16.09.1736)
Der Physiker und Instrumentenbauer stellte 1714 die ersten Thermometer her. Die Maßeinheit ° F wird in erster Linie in den USA und in Großbritannien benutzt. Die Umrechnung von ° C in ° F lautet: [° F] = 9/5 x [° C] + 32. Umgekehrt sind: [° C] = 5/9 x ([° F] - 32).

2 benannt nach René-Antoine Ferchault de Réaumur (28.02.1683–17.10.1757)
Der Naturforscher entwickelte Anfang 1730 die nach ihm benannte Temperaturskala, die jedoch kaum noch verwendet wird. 0° C entsprechen zwar ebenfalls 0° Ré, doch 100° C sind nur 80° Ré. Die Umrechnung in ° Ré erfolgte also nach der Gleichung [° Ré] = 0,8 x [° C].

3. Feuerbüchse, Stehbolzen und Rohre: Der Kessel und seine Ausrüstung

Die meisten der heute noch in Betrieb befindlichen Dampflokkessel sind geschweißt. Im Herbst 2012 weilte 99 7247-2 der HSB zu einer Hauptuntersuchung im Dampflokwerk Meiningen.
Foto: D. Endisch

3.1 Kesselprüfung

Der Kessel bildet das Herzstück der Dampflokomotive: Auf seinem Rost wird die in der Kohle enthaltene Wärmeenergie freigesetzt, die für die Verdampfung des Wassers sorgt. Der Kessel ist im Betrieb sehr großen Belastungen ausgesetzt, die deutlich höher sind als bei stationären Dampferzeugern. Anstrengenden Lastfahrten, bei denen der Kessel an der Leistungsgrenze arbeitet, folgen Talfahrten, bei denen innerhalb kürzester Zeit die Verdampfung auf ein Minimum schrumpft. Die Vorschriften zum Bau und Betrieb des Kessels sind daher sehr streng. Nicht nur die verwendeten Baustoffe und die Konstruktion unterliegen besonderen Bestimmungen, sondern auch die Unterhaltung und Bedienung ist exakt geregelt. Der Kessel wird in regelmäßigen Abständen von speziellen Sachverständigen gründlich außen und innen überprüft. Bei einer Kesselhauptuntersuchung muss der Kessel vollständig freigelegt werden, um die Wände sowie alle Schweiß- bzw. Nietnähte auf Schäden (Risse) oder Abzehrungen zu untersuchen. Sind keine Schäden sichtbar, wird der Dampferzeuger wieder komplettiert, mit Wasser gefüllt und einer ersten Dichtigkeitsprobe unterzogen. Gibt es keine Beanstandungen, folgt die Wasserdruckprobe. Dabei wird der Wasserdruck im Kessel mit einer speziellen Pumpe auf das 1,3-fache des zulässigen Betriebsdrucks gesteigert. Bei einer Lok mit 16 kp/cm^2 sind das dann 20,8 kp/cm^2. Wenn dieser Druck erreicht ist, wird der Kessel von der Pumpe getrennt, während der Kesselprüfer zur Stoppuhr greift: In den nächsten 15 Minuten darf der Druck im Dampferzeuger um nicht mehr als 0,5 kp/cm^2 sinken. In dieser Zeit kontrolliert der Prüfer aufmerksam die Schweiß- und Nietnähte sowie die Flansche und Dichtungen.

Halten sie dem Druck stand und zeigen sich außerdem keine sichtbaren Verformungen, nimmt der Sachverständige den Kessel ab. Die kleinste Abweichung von diesen Vorschriften bedeutet das Aus und die ganze Arbeit beginnt noch einmal von vorn.

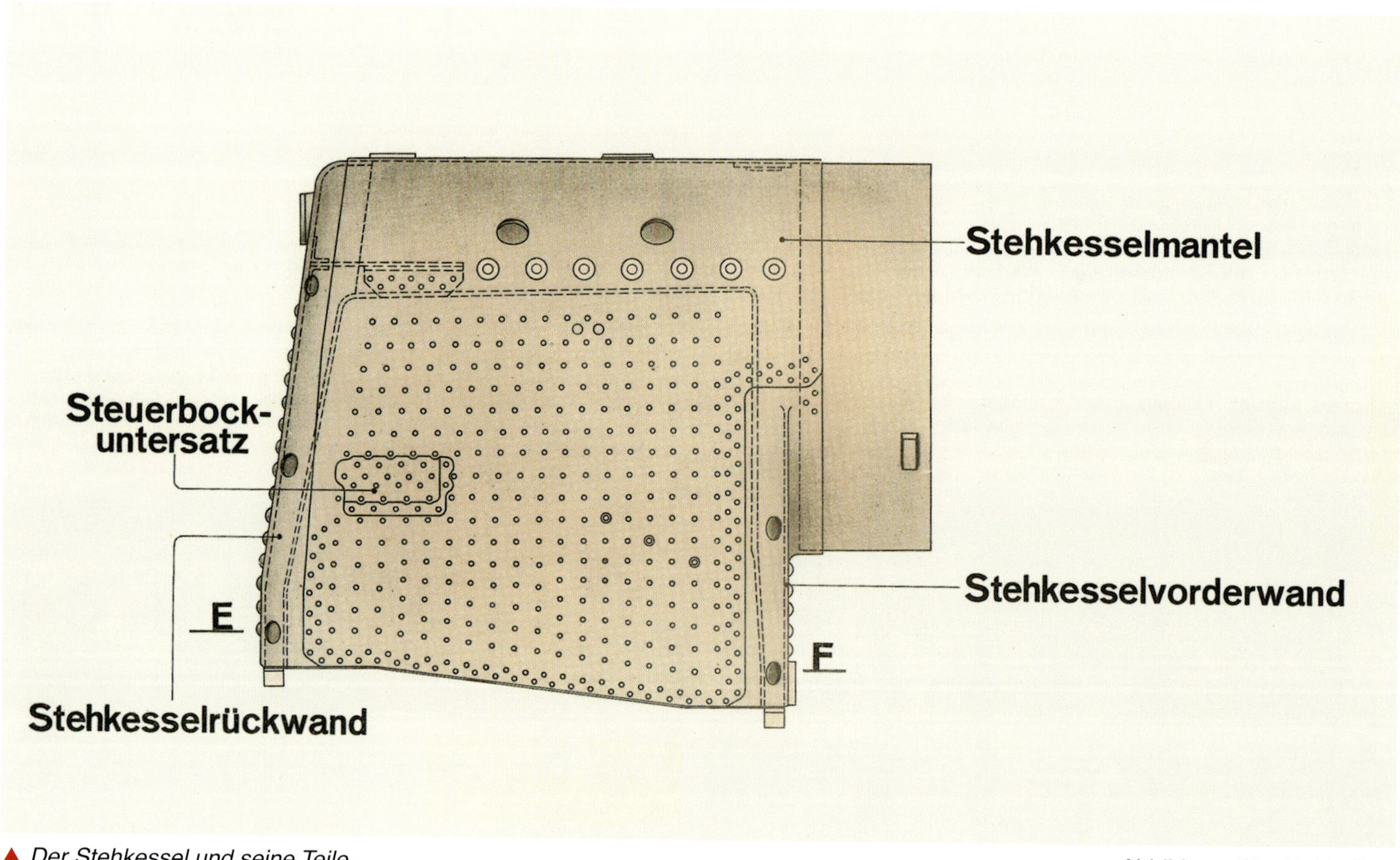

▲ *Der Stehkessel und seine Teile*

Abbildung: Slg. D. Endisch

Gesetzlich vorgeschriebene Grundausrüstung des Lokomotivkessels

1. Zwei voneinander unabhängige Speisevorrichtungen, von denen jede allein den Kessel mit der notwendigen Wassermenge vorsorgen kann. Mindestens eine Speisevorrichtung muss auch beim Stillstand der Lokomotive arbeiten.

2. An jeder Einmündung einer Speiseleitung in den Kessel muss ein Speiseventil vorhanden sein, das den Wasser- oder Dampfabfluss aus dem Kessel selbsttätig verhindert. Die Speiseventile müssen auch von Hand geschlossen werden können, oder es muss zwischen Kessel und Speiseventil eine spezielle, von Hand zu bedienende Absperrvorrichtung eingebaut werden. Das Kesselspeiseventil ist aus diesem Grund ein kombiniertes Absperr- und Rückschlagventil.

3. Der Kessel muss mit zwei voneinander unabhängigen Vorrichtungen zum Erkennen des Wasserstandes ausgerüstet sein. Mindestens eine dieser Vorrichtungen muss ein Wasserstandsglas sein.

4. An der Kesselwand hinter dem Wasserstandsglas muss eine Marke für den festgesetzten niedrigsten Wasserstand angebracht sein. Der niedrigste Wasserstand muss mindestens 100 mm über dem höchsten durch Wasser benetzten Punkt der Feuerbüchse liegen.

5. Der Kessel muss mit mindestens zwei Sicherheitsventilen ausgerüstet sein. Die Sicherheitsventile müssen konstruktiv so gestaltet sein, dass der eingestellte Druck nicht ohne Lösen der Plombe oder Verändern der Kontrollhülse gesteigert werden kann. Außerdem müssen die Sicherheitsventile so ausgelegt sein, dass sie vom ausströmenden Dampf nicht fortgeschleudert werden, wenn sie unbeabsichtigt abblasen.

6. Der Kessel muss mit einem Druckmesser ausgerüstet werden, der immer den im Kessel herrschenden Druck anzeigt. Auf dem Zifferblatt des Manometers muss der höchste zulässige Kesseldruck durch eine unverstellbare und deutlich zu erkennende Markierung bezeichnet werden.

7. Der Kessel muss mit einem Flansch für ein Prüfmanometer ausgerüstet sein.

8. Der Kessel muss mit einem Fabrikschild aus Metall ausgerüstet sein, welches den höchsten zulässigen Kesseldruck, den Namen des Herstellers, das Baujahr und die Fabriknummer angibt. Das Fabrikschild muss so am Kessel befestigt sein, dass es auch nach Entfernen der Kesselverkleidung sichtbar ist. Seit 2010 müssen alle Neubau-Kessel CE-zertifiziert sein und das Fabrikschild den Rauminhalt des Dampferzeugers angeben.

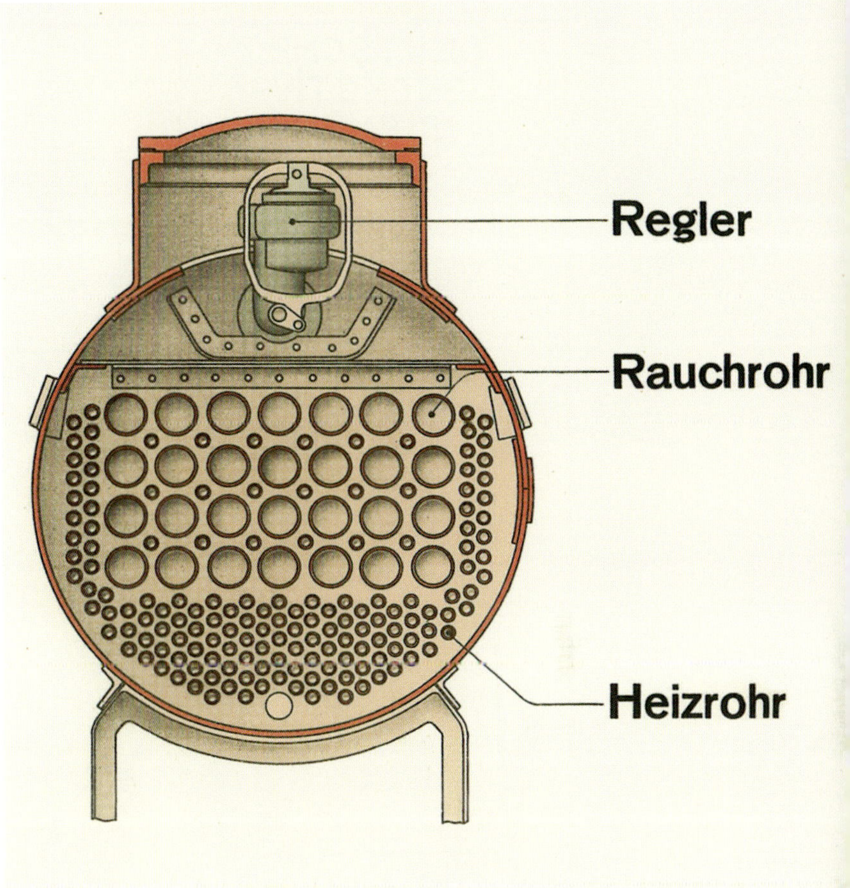

▲ *Schnitt durch den Kessel in Höhe des Dampfdoms*
Abbildung: Slg. D. Endisch

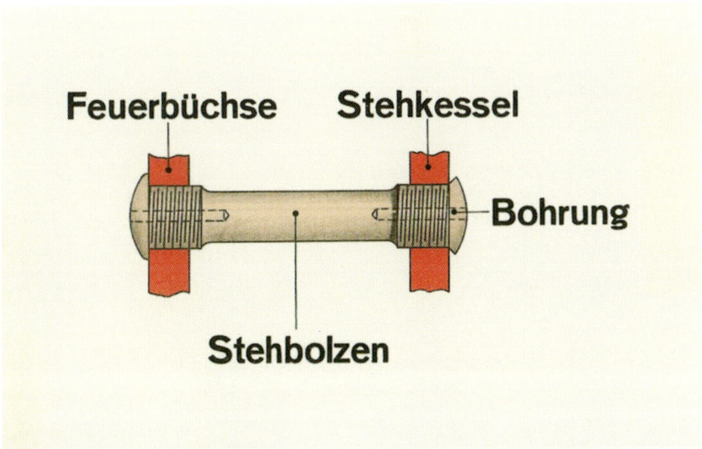

▲ *Eingebauter Stehbolzen* *Abbildung: Slg. D. Endisch*

DEUTSCHE LOKOMOTIV-NORMEN

Einheitliche Benennung der

Gruppe: Kessel

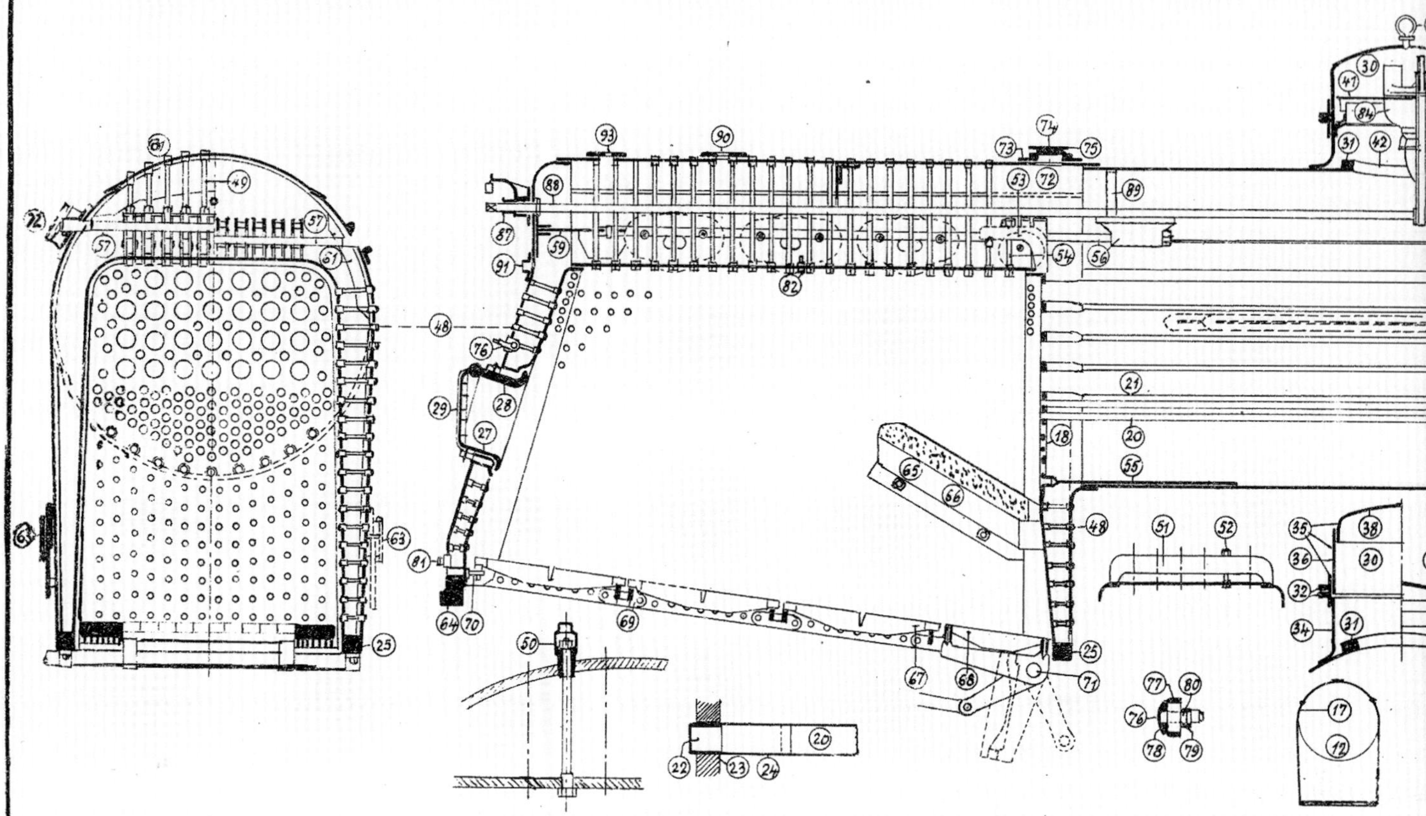

Nr.	Benennung	Zeichg. Nr nach Lonorm 2	Nr.	Benennung	Zeichg. Nr. nach LOKORM 2	Nr.	Benennung	Zeich na LONO
1	Langkessel	2.01	27	Feuerlochring	2.20	53	Bügelanker	2.4
2	Vorderer Kesselschuß	2.01	28	Feuerlochschoner	3.11	54	Bügelankerstehbolzen	2.
3	Hinterer Kesselschuß	2.01	29	Feuertür	3.08	55	Bodenanker	2.
4	Rundnaht	2.01	30	Dom	2.22	56	Längsanker und Träger	2.
5	Hinterkessel	2.01	31	Dohmlochring	2.22	57	Queranker	2.36
6	Feuerbüchse	2.11	32	Dohmring außenliegend	2.21	58	Querankerutersätze	2.
7	Feuerbüchsrohrwand	2.11	33	Domring innenliegend	2.21	59	Blechanker an der Stehkesselrückwand	2.
8	Feuerbüchsrückwand	2.11	34	Domunterteil	2.22	60	Blechanker an der Rauchkammerrohrwand	2.
9	Feuerbüchsseitenwand	2.11	35	Domoberteil	2.22	61	Versteifung am Stehkesselmantel	2.
10	Feuerbüchsdecke	2.11	36	Dommantel	2.22	62	laschenenden zum Kessel	2.
11	Feuerbüchsmantel	2.11	37	Domdeckel	2.22	63	Stehkesselträger	3.
12	Stehkessel	2.01	38	Domhaube	2.22	64	Schlingerstück	3.
13	Stehkesselvorderwand	2.01	39	Domöse	2.26	65	Feuerschirm	3.
14	Stehkesselrückwand	2.01	40	Domhaken	2.26	66	Feuerschirmträger	3.
15	Stehkesselseitenwand	2.01	41	Wasserabscheider im Dom	2.27	67	Roststäbe	3.
16	Stehkesseldecke	2.01	42	Mannloch zum Dom	2.22	68	Kipproststäbe	3.
17	Stehkesselmantel	2.01	43	Dom zum Speisewasserreiniger	25.45	69	Rostbalken und Träger	3.
18	Rohrteilung der Feuerbüchse	2.12	44	Einführungsdüse zum Speisewasserreiniger	25.39	70	Nietschrauben für Rostbalken	3.
19	Rohrteilung der Rauchkammerrohrwand	2.13	45	Rieselblech zum Speisewasserreiniger	25.40	71	Vordere Welle mit Hebel zum Kipprost	3.2
20	Heizrohr	2.14	46	Mannloch zum Speisewasserreiniger	25.34	72	Waschluke mit Deckel	3.3
21	Rauchrohr	2.16	47	Schlammsamler zum Speisewasserreiniger	25.36	73	Lukenuntersatz	3.3
22	Brandring	2.17	48	Stehbolzen	2.28	74	Lukenpilz	3.3
23	Dichtring	2.17	49	Deckenstehbolzen	2.30	75	Lukendeckel	3.3
24	Vorschuh	2.14	50	Bewegliche Deckenstehbolzen	2.31	76	Waschluke mit Pilz	3.3
25	Bodenring	2.19	51	Barrenanker	2.45	77	Lukenfutter	3.3
26	Feuerloch	2.01	52	Barrenankerstehbolzen	2.45	78	Lukenpilz	3.3

omotivteile	Lonorm Tafel 1

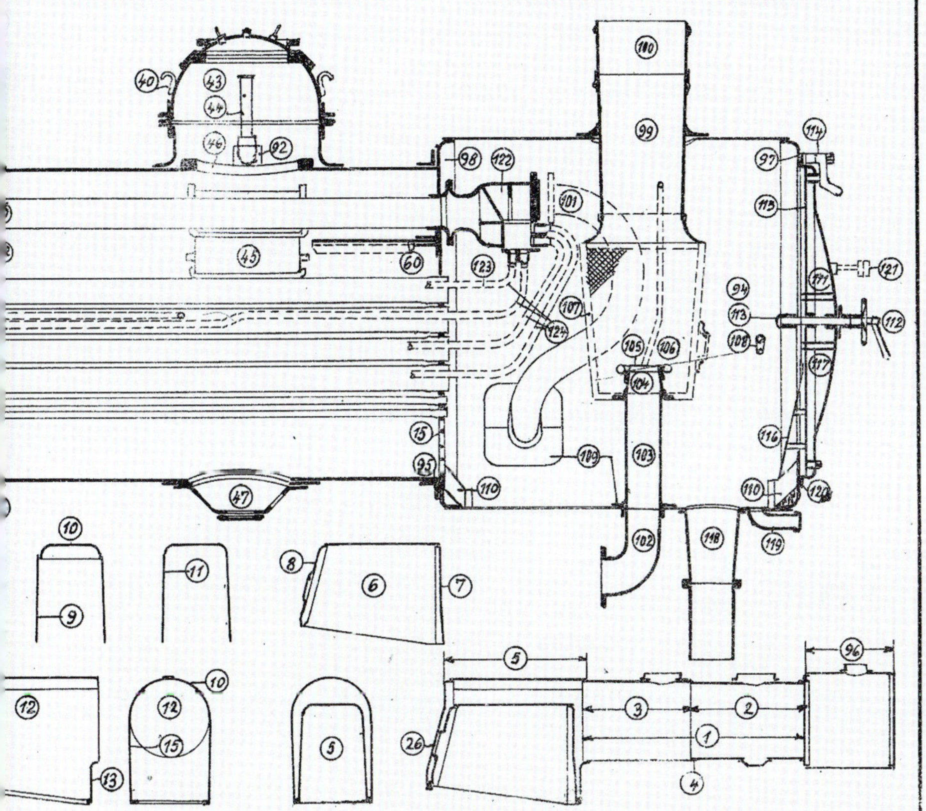

Benennung	Zehng. Nr. nach LONORM 2	Nr	Benennung	Zeichng Nr nach LONORM 2
kenbügel	3.34	105	Blasrohrsteg	5.15
kenstift	3.34	106	Hilfsbläser und Teile	5.22.
inigungsschraube	3.35	107	Funkenfänger	5.23
hmelzpropfen	3.37	108	Rauchkammerspritzrohr und Teile	5.27
gler, Ventil-Schieberregler	3.42u.43	109	Paßbleche für Aussehnitte im Rauchkammermant.	5.28
glerkopf mit Schieber, -ventil	3.44	110	Rauchkammerbodenschutz	5.30
glerknierohr	3.45	111	Rauchkammertür	5.31
glerrohr	3.47	112	Verschluß zur Rauchkammertür	5.36
glerstopfbuchse	3.48	113	Verschlußbolken zur Rauchkammertür	5.36
glerwelle und Teile	3.49	114	Vorreiber zur Rauchkammertür	5.33
lter für Reglerwelle	3.51	115	Schutzblech zur Rauchkammertür	5.31
tersatz zum Sicherheitsventil	3.57	116	Schonerblech zur Rauchkammertür	5.31
tersatz zum Wasserstandsanzeiger	3.58	117	Abstandhalter zur Rauchkammertür	5.31
tersatz zum Kesselspeiseventil	3.59	118	Löschefall	5.37
tersatz zum Dampfentnahmestutzen	3.60	119	Entwässerungsstutzen an der Rauchkammer	5.39
uchkammer	5.01	120	Verstärkungsring a. d. Rauchkammertürwand	2.01
kelring an der Rauchkammer	2.01	121	Laternenstütze a. d. Rauchkammer	24.06
uchkammerschuß	2.01	122	Dampfsammelkasten	6.04
uchkammertürwand	2.01	123	Überhitzereinheit	6.02
uchkammerrohrwand	2.01	124	Überhitzerrohrsatz	6.02
ornstein	5.06			
ornsteinaufsatz	5.09			
mpfeinströmrohr	5.12			
sströmkrümmer	5.17			
ndrohr	5.19			
asrohr	5.15			

Lonorm Tafel 1
Abbildung: Slg. D. Endisch

3.2 Woraus besteht der Kessel?

Die beiden wichtigsten Kesselbaustoffe sind Stahl und Kupfer. Letzteres wurde bis zum Ersten Weltkrieg ausschließlich für die Fertigung der Feuerbüchse und der Stehbolzen genutzt. Der Werkstoff war Temperaturen von 1.200 bis 1.500° C ausgesetzt. Da Kupfer ein sehr guter Wärmeleiter ist, sorgt es für einen nahezu optimalen Wärmeübergang von den Heizgasen zum Wasser. Zudem passen sich Feuerbüchsen aus Kupfer den wechselnden Wärmespannungen besser an als solche aus Stahl.

Als jedoch im Ersten Weltkrieg Kupfer immer teurer und knapper wurde, stellte man die ersten Feuerbüchsen aus Stahl bzw. Flusseisen her. Sie waren zwar preiswerter in der Fertigung, erwiesen sich jedoch gegenüber starken Temperaturschwankungen als recht empfindlich. Bessere Stahlsorten und Fortschritte in der Schweißtechnik glichen diese Mängel aber ab Mitte der 1930er-Jahre mehr und mehr aus, sodass sich die Stahlfeuerbüchse schließlich durchsetzte.

Die anderen Teile des Dampferzeugers – dazu zählen Langkessel, Rauchkammer, Stehkessel sowie die Heiz- und Rauchrohre – wurden aus Stahl gefertigt. Bis in die zweite Hälfte der 1930er-Jahre wurden die einzelnen Kesselteile, mit Ausnahme der Heiz- und Rauchrohre, vernietet. Erst während des Zweiten Weltkrieges setzte sich die Schweißtechnik im Kesselbau durch. Sie sparte Zeit, Gewicht und damit Geld, doch eine unsachgemäße Arbeitsausführung konnte zu Wärmespannungen im Material führen. Heute gibt es nur noch wenige genietete Dampferzeuger.

Doch wie sieht so ein Dampflok-Kessel aus? Dies sei an einem Kessel der Tenderlok der Baureihe 81 erklärt. Der Grundaufbau ist bei allen Dampfloks gleich: Jeder Kessel besteht aus dem Stehkessel, dem Langkessel und der Rauchkammer.

Der Kessel der Baureihe 81 war konstruktiv dafür ausgelegt, dass die kleine vierachsige Tenderlok, die die Deutsche Reichsbahn-Gesellschaft (DRG) für den schweren Rangierdienst beschafft hatte, eine effektive Leistung von 660 PS_e entwickelte. Das bedeutete, sie musste in der Lage

▲ *Der Langkessel wird von Rauch- und Heizrohren durchzogen. In den großen Rauchrohren liegen die Überhitzerelemente. Foto: D. Endisch*

sein, in der Ebene bei 40 km/h einen 1.070 Tonnen schweren Zug zu schleppen.
Der zylindrische Langkessel der Baureihe 81 bestand aus zwei Kesselschüssen, die teleskopartig ineinander geschoben und durch eine doppelte Nietreihe verbunden wurden. Der vordere Kesselschuss hatte einen lichten Durchmesser von 1.500 mm. Die Längsnaht der beiden Kesselschüsse bestand ebenfalls aus einer doppelten Nietreihe. Die Bleche des für einen Betriebsdruck von 14 kp/cm^2 zugelassenen Dampferzeugers waren 14,5 mm stark.
Im Langkessel lagen zwischen der Feuerbüchs- und der Rauchkammerrohrwand insgesamt 32 Rauchrohre mit einem Durchmesser von 118 mm (Wandstärke 4 mm) und 114 Heizrohre mit einem Durchmesser von 44,5 mm (Wandstärke 2,5 mm). Die Rohre hatten eine Länge von 3.500 mm. Zur Feuerbüchse hin verjüngten sich die Rohre, die in die Feuerbüchsrohrwand eingewalzt wurden. Durch das Einengen der Rohre ergaben sich größere Rohrwandstege. Dies hatte den Vorteil, dass sich die Rohrlöcher beim Ausbau defekter Rohre nacharbeiten ließen und gegebenenfalls Gewindebüchsen eingebaut werden konnten. In der Feuerbüchse standen die Rohre leicht über, damit man sie einwalzen und umbördeln konnte. Der Rand der Rohre schützte so die Rohrlöcher vor zu starker Wärmebelastung. Auf der Rauchkammerseite standen die Rohre ebenfalls ein wenig über, wurden aber hier nur eingewalzt.
Den vorderen Abschluss des Langkessels bildete die Rauchkammerrohrwand, die im oberen Teil durch einen waagerechten so genannten Blechanker versteift wurde. Außerdem baute man seitlich schräg nach oben verlaufende Winkel und Bleche zur Versteifung ein.
Auf dem Scheitel des Langkessels saßen der Speise- und der Dampfdom, deren Ausschnitte durch von unten eingenietete Blechringe versteift wurden. Auf dem Dommantel saß ein aufgenieteter Stahlgussring, auf dem wiederum der Domdeckel festgeschraubt war. Die Flächen wurden entweder dampfdicht eingeschliffen oder mit einem speziellen Ring aus Kupfer abgedichtet.
Der Dampfdom, der auf dem hinteren Kesselschuss saß, hatte die Aufgabe, den Dampf möglichst hoch über der Wasseroberfläche zu entnehmen. Im Dampfdom saß der Regler, mit dem der Lokomotivführer die Dampfzufuhr zu den Zylindern regulierte. Die durch den Langkessel führende Reglerwelle wurde mit Hilfe des Reglergestänges im Führerstand bedient. Vom Regler strömte der Dampf über das Reglerrohr zum Dampfsammelkasten vor der Rauchkammerrohrwand.
Der Speisedom saß auf dem vorderen Kesselschuss. Links und rechts des Speisedoms befand sich jeweils ein Speiseventil, durch welches das Wasser in den Dampferzeuger gelangte. Im Speisedom hatte der Speisewasserreiniger seinen Platz. Das eintretende Kesselspeisewasser rieselte über die nach oben offenen Roste, wo – chemisch gesprochen – die so genannten Kesselsteinbildner ausfallen. Der dabei entstehende Kesselschlamm sammelte sich unterhalb des Speisedoms in einer Blechtasche; über das am Kesselbauch montierte Abschlammventil konnte er schließlich entfernt werden. Nicht alle Dampfloks besaßen einen Speisedom. Fehlte er, verfügten die Maschinen lediglich über angeflanschte Speiseventile.

▲ *Die Heizrohre sind an den Enden verjüngt und werden dann in die Feuerbüchswand eingewalzt.* *Foto: D. Endisch*

▲ *An den Langkessel schließt sich vorne die Rauchkammer an. In der Nische des auf dem Kopf liegenden Kessels findet später der Oberflächenvorwärmer seinen Platz.* *Foto: D. Endisch*

Da der Kessel der Baureihe 81 relativ kurz war, war er mit dem Rahmen nur durch ein Pendelblech verbunden, das am Bauch des hinteren Langkesselschusses saß.

An den hinteren Teil des Langkessels schloss sich der Hinterkessel an, der aus dem Stehkessel und der Feuerbüchse bestand. Der aus einem Stück gefertigte Stehkesselmantel besaß eine zylindrische Decke und gerade Seitenwände, die im unteren Teil leicht eingezogen waren. Das Blech des Stehkesselmantels und der Rückwand hatte eine Stärke von 14 mm. Die Vorderwand bestand hingegen aus einem 15 mm starken Stahlblech. Zur Verlagerung des Schwerpunktes besaß die Rückwand eine leichte Neigung nach vorne, lediglich das obere Drittel der Rückwand war senkecht ausgeführt. Zwei übereinander liegende Blechanker verbanden Rückwand und Mantel, wobei beide Anker gleichzeitig die Rückwand versteiften. Fünf oberhalb der Feuerbüchse eingezogene Queranker schützten den Stehkesselmantel gegen ein seitliches Aufbiegen.

Die Feuerbüchse der Baureihe 81 bestand aus 14 mm starkem Kupferblech und wurde von unten in den Stehkessel eingebaut. Die Seitenwände der Feuerbüchse, deren Ecken stark abgerundet waren, verliefen fast senkrecht, sodass sich der Wasserraum im Stehkessel von unten nach oben vergrößerte, damit die Dampfblasen leichter aufsteigen konnten. In der Rückwand der Feuerbüchse befand sich das Feuerloch mit der eingesetzten Feuertür.

Den unteren Abschluss des Stehkessels bildete der 90 mm hohe und 70 mm breite Bodenring. Er verband die Feuerbüchse mit dem Stehkessel und wurde doppelreihig eingenietet. Der Bodenring hatte vorn und hinten geschmiedete Ansätze, mit denen sich der Kessel auf dem Rahmen abstützte. Die vorderen zwei Ansätze nahmen Klammern auf, die ein Abheben des Kessels verhinderten. Die beiden hinteren Ansätze trugen die Schlingerstücke, die den Kessel gegen ein seitliches Verschieben sicherten.

Die Seitenwände, die Rückwand und der untere Teil der Rohrwand der Feuerbüchse waren durch Stehbolzen mit dem Stehkessel verbunden. Der Abstand zwischen den Stehbolzen – die so genannte Feldteilung – betrug 85 mm. Die hohlgezogenen Stehbolzen wurden außen mit dem Stehkessel bzw. der Feuerbüchse verschweißt. Die Kontrollbohrungen der Stehbolzen wurde auf der Stehkesselseite verschlossen, auf der Feuerbüchsseite blieben sie offen, damit das Lokpersonal gebrochene Stehbolzen schnell erkennen konnte. Die Feuerbüchsdecke war ebenfalls durch Stehbolzen mit dem Stehkessel verbunden. Die flache Decke war nach hinten leicht geneigt, um sicher zu stellen, dass auch bei Talfahrt, wenn das Wasser sich im vorderen Teil des Kessels sammelte, die Feuerbüchse stets von Wasser umspült blieb.

Die sehr hohen Temperaturen ausgesetzte Rohrwand der Feuerbüchse bestand im unteren Teil aus 26 mm starkem Blech, das sich im Bereich der Heiz- und Rauchrohre, dem so genannten Rohrspiegel, auf 14 mm verjüngte. Sie wurde durch 14 Bodenanker verstärkt. Die Feuerbüchse besaß eine direkte Heizfläche von 7,7 m^2.

In der Feuerbüchse wurde vor der Rohrwand aus Schamottesteinen ein Feuerschirm eingebaut, der sich an den Seitenwänden auf drei verlängerten Stehbolzen abstützte. Er

▲ *Jeder Kessel muss mit einem Fabrikschild ausgerüstet sein. Dieses Schild trägt der Kessel der Zahnrad-Dampflok 97 501. Die Maschinenfabrik Esslingen baute den Dampferzeuger 1922.*
Foto: D. Endisch

hatte die Aufgaben, den Flammenweg zu verlängern und damit die Verbrennung zu verbessern. Außerdem wurde damit die Belastung der Rohrwand reduziert.
Der 1,78 m^2 große Rost war leicht nach vorne geneigt und bestand aus drei Rostfeldern. Die 16 mm starken Roststäbe hatten eine Spaltenbreite von 14 mm. Das mittlere Rostfeld besaß einen 0,28 m^2 großen Kipprost, über den größere Verbrennungsrückstände in den Aschkasten geschoben werden konnten. Die Roststäbe des Kipprostes waren durch Bolzen gesichert, während die anderen Roststäbe nur lose auf den Rostbalken lagen. Das Kipprostfeld besaß zwei Arme, die mit einer Querwelle verbunden waren, die vom Führerstand aus über eine Spindel bedient wurde. Beim Öffnen klappte der Kipprost nach vorne.
Unter dem Rost befand sich der Aschkasten, in dem die Verbrennungsrückstände gesammelt wurden. Zwei Bodenklappen, die vom Führerstand aus betätigt wurden, ermöglichten das Entleeren des Aschkastens. Vorne und hinten am Aschkasten befand sich jeweils eine Luftklappe, die ebenfalls vom Führerstand aus geöffnet bzw. geschlossen werden konnten. Ein Schutzblech und ein Sieb verhinderten das Herausfallen von glühenden Kohlestückchen. Einige Maschinen besaßen auch noch seitliche Luftklappen und zum Nässen der Verbrennungsrückstände erhielt der Aschkasten eine Spritzeinrichtung.

3.3 Die Rauchkammer

Vor dem Langkessel lag die Rauchkammer, die bei der Baureihe 81 einen Außendurchmesser von 1.630 mm und eine Länge von 1.390 mm hatte. Die Rauchkammer bestand aus 10 mm starken Blechen und war mit einem Zwischenring an den Langkessel angenietet. Die Rauchkammer wurde durch eine Tür mit einem so genannten Zentralverschluss und Vorreibern luftdicht abgeschlossen. Bei kleineren Rauchkammertüren entfiel der Zentralverschluss. Die Deutsche Bundesbahn entfernte sogar die Zentralverschlüsse später bei ihren Dampflokomotiven. Der Boden der Rauchkammer war mit Beton ausgegossen. Dies verringerte die Korrosion. Die Rauchkammer hatte zwei Aufgaben: Zum einen wurde dort der für die Verbrennung notwendige Unterdruck erzeugt und zum anderen die bei der Verbrennung anfallende Flugasche (Lösche) gesammelt.
Den für die Feueranfachung notwendigen Unterdruck erzeugte das Blasrohr, das direkt unter dem Schornstein saß. Der Maschinenabdampf entwich mit hoher Geschwindigkeit aus der Düse des Blasrohrs und riss dabei die Rauchgase mit. Dieses Dampf-Rauchgemisch gelangte schließlich durch den Schornstein ins Freie. In der Rauchkammer entstand dabei ein Unterdruck, der sich durch die Rohre zur Feuerbüchse fortsetzte, wo durch die Luftklappen am Aschkasten neue Verbrennungsluft angesaugt wurde. Die Saugzuganlage regulierte sich selbst: Wurde der Auspuffschlag mit zunehmender Leistung der Maschine schneller bzw. stärker, nahm auch der Unterdruck in der Rauchkammer entsprechend zu. Durch die zusätzlich angesaugte Verbrennungsluft wurde das Feuer auf dem Rost stärker und der Heizer musste mehr Brennstoff nachwerfen.
Auf der Rauchkammer saß der leicht kegelige Schornstein, an dessen unterer Kante der Funkenfänger hing. Eine Spritze zum Nässen der Lösche, ein Abfluss-Stutzen und der Hilfsbläser gehörten zur weiteren Ausrüstung der Rauchkammer. Der Hilfsbläser bestand aus einem Düsenring, der in der Höhe des Blasrohres angebracht war. Er stellte die Feueranfachung im Leerlauf oder beim Stillstand der Lok sicher.
Oben an der Rauchkammerrohrwand saß bei Heißdampflokomotiven, wie die Baureihe 81 eine war, der aus Gusseisen gefertigte Dampfsammelkasten, der aus einer Nassdampf- und einer Heißdampfkammer bestand. Die Nassdampfkammer war direkt an das Reglerrohr angeschlossen. Sie

▲ *99 4652 erhielt bei ihrer Hauptuntersuchung im Jahr 2014/15 einen neuen, geschweißten Kessel, hier der Stehkessel vor dem Einbau der Stehbolzen.* *Foto: D. Endisch*

verteilte den einströmenden Dampf auf die einzelnen Überhitzerelemente. Der Kessel der Baureihe 81 besaß 32 Überhitzerelemente, die in die 32 Rauchrohre eintauchten. Jedes Element bestand aus vier Rohren mit jeweils 32 mm Durchmesser, die zwei Schlangen bildeten. Die erste Schlange reichte bis auf 450 mm an die Feuerbüchsrohrwand, die zweite war noch 150 mm länger. Auf der anderen Seiten endeten die Schlangen jeweils 400 mm vor der Rauchkammerrohrwand. Die Elemente waren mit speziellen Schellen an den Dampfsammelkasten angeschraubt, damit defekte Teile schnell ausgetauscht werden konnten.
Hatte der Dampf die Elemente durchströmt, gelangte er mit einer Temperatur von rund 300° C in die Heißdampfkammer, an die sich die beiden Einströmrohre anschlossen, durch die der Dampf schließlich zum Schieberkasten kam. Von dort aus gelangte er durch die Dampfkanäle im Wechsel zu den beiden Kolbenseiten des Zylinders (siehe S. 46). Nachdem der Dampf im Zylinder Arbeit geleistet hatte, nahm er durch den Schieberkasten den Weg zum Ausströmrohr, das mit dem Blasrohr verbunden war, durch das der Abdampf schließlich entwich.
Zum Auswaschen des Kessels dienten die Waschluken. Der relativ kleine Dampferzeuger der Baureihe 81 besaß insgesamt 18 kleine und große Luken. Sie waren so angeordnet, dass alle Ecken und Winkel, in denen sich Kesselschlamm und Kesselstein absetzten, gereinigt werden konnten. Die zwölf kleinen Luken saßen in der Rauchkammerrohrwand (1), am Schlammsammler unterhalb des Speisedoms (2), über dem Feuerloch in der Stehkesselrückwand (1), im Umbug der Stehkesselrückwand (4) und im Umbug der Stehkesselvorderwand (4). Die sechs großen Luken befanden sich links und rechts im oberen Teil des Stehkesselmantels (je 2) sowie links und rechts des Speisedoms (je 1).

3.4 Grob- und Feinausrüstung des Kessels

Der betriebsbereite Kessel ist außerdem noch mit Bauteilen versehen, bei denen man zwischen der Grob- und der Feinausrüstung unterscheidet. Zur Grobausrüstung des Kessels zählten neben dem Stehkesselträger mit der Führung für das Schlingerstück, der Feuertür mit dem Feuerlochschoner und dem Regler, die bereits erwähnten Waschluken, der Aschkasten, der Feuerschirm, die Rostlage mit dem Kipprost und der Schlammsammler. Zur Feinausrüstung gehörten hingegen die Kesselspeiseventile mit dem Feuerlöschstutzen, die beiden Sicherheitsventile, die

▲ *An der Rückwand des Stehkessels sind die beiden Wasserstandsanzeiger montiert. Der Kessel der Schnellfahrlok 18 201 besitzt zwei Wasserstandsgläser. Oberhalb zwischen den beiden Wasserständen ist das Kesseldruckmanometer zu erkennen. Foto: D. Endisch*

beiden Wasserstandsanzeiger, das Kesseldruckmanometer, die Dampfpfeife, die Dampfabsperrventile, die Dampfentnahmestutzen für die Hilfsbetriebe, der Dillinghahn für die Aschkasten-, Rauchkammer- und Kohlennässeeinrichtung, das Heißdampfthermometer und die beiden Speiseeinrichtungen. Der Kessel der Baureihe 81 wurde durch zwei Dampfstrahlpumpen gespeist. Größere Loks besaßen oft eine Strahlpumpe und eine Kolbenspeisepumpe mit einem Vorwärmer, bei dem ein Teil des Maschinenabdampfes zum Erwärmen des Speisewassers genutzt wurde. Der bei den Einheitsdampfloks der DRG bevorzugte Oberflächenvorwärmer der Bauart Knorr lag meist in einer Rauchkammer-Nische vor dem Schornstein. Nach dem Zweiten Weltkrieg rüsteten die Deutsche Bundesbahn (DB) und die Deutsche Reichsbahn (DR) die meisten ihrer Neubau-, Umbau- und Reko-Maschinen mit Mischvorwärmern aus, die auch in der Rauchkammer untergebracht wurden. Der aus der Rauchkammer herausragende, trapezförmige Mischkasten gab den DR-Maschinen ihr bis heute unverwechselbares Aussehen.

4. Kolben, Stangen und Schieber: Das Triebwerk und die Steuerung

■ Das Triebwerk und die Steuerung der 50 3570-4 glänzen am 4. Mai 2018 in der Abendsonne. Die Treibstange der Baureihen 50, 50.35 und 50Öl ist 3.175 mm lang und wiegt rund 290 kg.

Foto: D. Endisch

4.1 Der Weg des Dampfes

Bei der Dampflok wird die benötigte Zugkraft durch eine Kolbendampfmaschine entwickelt. Die meisten deutschen Dampflokomotiven waren Zweizylinder-Maschinen. Auf dieser Bauform basierten alle anderen Triebwerke, vom Drilling über den Vierling bis hin zum Vierzylinderverbund-Triebwerk. Im Folgenden wird die Triebwerkstechnik anhand des Zweizylindersystems erklärt.

Bei den Zweizylinder-Maschinen sind die Treibzapfen der Triebwerke um 90° versetzt. Dabei eilt der rechte Treibzapfen dem linken voraus. Der Versatz um 90° wurde gewählt, damit die Lok auch anfahren kann, wenn eine der beiden Triebwerksseiten im so genannten Totpunkt (siehe unten) liegt. Außerdem lässt der Versatz um 90° bei Zweizylinder-Maschinen einen relativ guten Massenausgleich zu. Im Gegensatz dazu haben Dreizylinder-Triebwerke in der Regel einen Versatz um 120°, Vierzylinder-Loks wiederum einen um 90°.

Kernstück des Triebwerks einer Lokomotive ist der Dampfzylinder, in dem der Dampf den Kolben hin und her bewegt. Diese Bewegung überträgt die Kolbenstange auf den Kreuzkopf, der die Kraft wiederum auf die Treibstange abgibt. Die beweglich gelagerte Treibstange ist mit dem Treibzapfen verbunden, der im Treibrad sitzt. Das Zusammenspiel dieser drei Bauteile sorgt dafür, dass die waagerechte Bewegung in eine Drehbewegung umgewandelt wird. Das sich nun drehende Treibrad nimmt durch die Kuppelstangen die Kuppelachsen mit – die Lokomotive bewegt sich.

Bei geöffnetem Regler strömt der Dampf durch das Einströmrohr in den Schieberkasten und von dort aus durch die Dampfkanäle im Wechsel zu den beiden Kolbenseiten. Wenn der Dampf im Zylinder entspannt ist, also Arbeit geleistet hat, gelangt er durch den Schieberkasten zum Ausströmrohr und von dort über das Blasrohr und den Schornstein ins Freie.

Der Schieber, der die Dampfverteilung steuert, wird während der Fahrt zwangsweise bewegt. Alle Teile, die die Dampfverteilung im Zylinder regeln, gehören zur Steuerung. Während Letztere zusammen mit den dazugehörigen Dampfkanälen als *innere* Steuerung bezeichnet wird, nennt man die Antriebsteile dazu *äußere* Steuerung.

Die Steuerung hat im Wesentlichen drei Aufgaben:

1. Sie muss die Dampfkanäle vom Schieberkasten zum Dampfzylinder entsprechend der jeweiligen Kolbenstellung öffnen und schließen.
2. Die Maschinenleistung muss durch geänderte Zylinderfüllungen in einem weiten Bereich variabel sein.
3. Mit ihrer Hilfe kann die Lok ihre Fahrtrichtung ändern.

Die vordere und die hintere Endstellung des Kolbens im Zylinder ist der so genannte **Totpunkt**. In dieser Lage bilden der Treibzapfen, die Treibstange und die Kolbenstange mit der Längsachse des Zylinders eine Gerade. Der Weg des Kolbens zwischen den beiden Totpunkten wird Kolbenhub genannt. Er ist so groß wie der Durchmesser des Kurbelkreises. Dabei entsprechen zwei Kolbenhübe einer Umdrehung der Kurbel. Steht die Kurbel senkrecht nach oben oder unten, befindet sie sich entweder auf dem höchsten oder auf dem tiefsten Hub.

Die einfachste Dampfmaschine ist die so genannte Volldruckdampfmaschine, die nur mit vollen Füllungen arbeitet. Diese Maschinen erhalten während des gesamten Kolbenweges Dampf. Dadurch ergibt sich zwar eine ständig gleichbleibende Kolbenkraft, aber der Abdampf entweicht mit einem hohen Druck und damit mit sehr viel Energie ins Freie. Volldruckdampfmaschinen sind deshalb sehr unwirtschaftlich.

Wird jedoch die Dampfzufuhr zum Zylinder unterbrochen, bevor der Kolben seinen Totpunkt erreicht hat, so drückt der im Zylinder eingeschlossene Dampf den Kolben weiter. Der Dampf dehnt sich dabei weiter aus, sein Druck und seine Temperatur gehen zurück. Der Teil des Weges, den der Kolben durch den sich entspannenden Dampf zurücklegt, heißt Dehnungs- oder Expansionsperiode. Dampfmaschinen, die nach diesem Prinzip funktionieren, bei dem deutlich mehr Arbeit erzeugt wird, werden als *»Expansionsmaschinen«* bezeichnet. Die Hubstrecke, innerhalb derer der Dampf in den Zylinder einströmt, wird *»Füllung«* genannt. Sie wird immer in Prozent (bezogen auf den Kolbenhub) angegeben.

Doch wie arbeitet der Dampf im Zylinder? Der Kolben steht in der hinteren Totpunktlage und der Einströmkanal ist bereits geöffnet. Der Arbeitshub auf der linken Zylinderseite beginnt mit dem Einströmen: Der Dampf gelangt mit konstantem Druck in den Zylinder und drückt den Kolben nach rechts. Ist die eingestellte Füllung erreicht, beginnt die Expansion, wobei der Druck des Dampfes deutlich fällt. Noch bevor der Kolben den vorderen Totpunkt erreicht, gibt der Schieber den Ausströmkanal frei, sodass die so genannte Vorausströmung beginnt. Auf diese Weise erzeugt der noch im Zylinder enthaltene Dampf keinen nennenswerten Gegendruck, wenn der Dampf auf der anderen Kolbenseite zu wirken beginnt. Da der Dampf bei Beginn der Vorausströmung noch einen höheren Druck hat als bei der anschließenden Ausströmung, entweicht er deutlich hörbar aus dem Schornstein. Deshalb können erfahrene Lokführer am Auspuffschlag erkennen, ob die Steuerung einer Dampflok richtig (»sauber«) eingestellt ist. Sind die Auspuffschläge unter-

▲ *Die meisten Schlepptender-Dampfloks sind mit einer Heusinger-Steuerung mit Hängeeisen ausgerüstet. Das Triebwerk und die Steuerung der 50 3570-4 glänzten am 11. Februar 2012 im ehemaligen Bw Salzwedel in der Abendsonne. Foto: D. Endisch*

schiedlich stark oder die Abstände nicht gleich lang, ist die Steuerung falsch eingestellt.

Die Ausströmung beginnt mit dem Hubwechsel. Wenn der Kolben in der vorderen Totpunktlage seine Bewegungsrichtung ändert, wird der im Kolben verbliebene, entspannte Dampf durch den Kolben in das Ausströmrohr gedrückt. Noch bevor der Kolben wieder die hintere Totpunktlage erreicht hat, wird der Ausströmkanal wieder geschlossen, sodass der restliche Dampf durch den Kolben komprimiert wird. Das so entstehende Dampfpolster fängt die Masse des Kolbens, der Kolbenstange und der Treibstange auf und sorgt so für einen stoßfreien Lauf (»Gang«) des Triebwerks. Allerdings ist mit der Kompression des Restdampfes ein kleiner Energieverlust verbunden.

Damit auch bei höheren Drehzahlen bereits beim Hubwechsel der volle Druck auf den Kolben wirken kann, wird der Einströmkanal kurz vor dem Hubwechsel geöffnet. Dies bezeichnet man als Voreinströmung.

▲ *Die meisten Nassdampfloks besitzen eine Flachschieber-Steuerung, wie z.B. 99 5906-6 der HSB. Die Maschine ist mit einer zweischienigen Kreuzkopfführung und einer Heusinger-Steuerung ausgerüstet.* *Foto: D. Endisch*

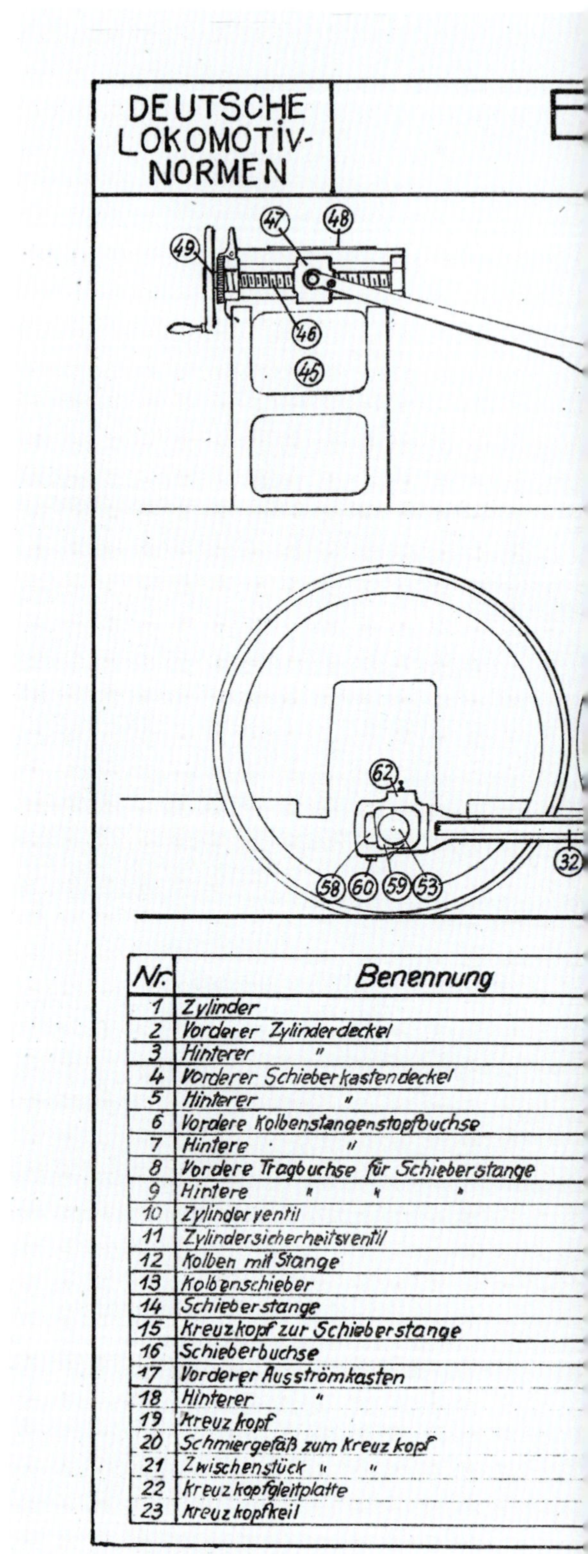

▶ *Lonorm Tafel 2* *Abbildung: Slg. D. Endisch*

Zwischen dem Zylinderdeckel und der Totpunktlage verbleibt immer ein kleiner Zwischenraum. Er ist einerseits für den Dampfeintritt notwendig, andererseits wird er als Toleranzbereich für den Kolben benötigt. Dieser Zwischenraum sowie das Volumen der Ein- und Ausströmkanäle zwischen dem Zylinder und dem Schieberkasten wird als so genannter *schädlicher Raum* bezeichnet.

4.2 Die Steuerung

Kernstück der Steuerung ist der Schieber, der entweder als Flach- oder Kolbenschieber verwendet wird. Der **Flachschieber** hat links und rechts der Schieberhöhlung (Schiebermuschel) symmetrisch angeordnete Schieberlappen. Liegt der Schieber in der Mitte, decken die Lappen die Ein- und Auslasskanten der zum Zylinder führenden Kanäle ab; sie bilden die Ein- und Ausströmüberdeckung. Bewegt sich der Schieber aus der Mitte nach links oder rechts, überschleift die so genannte steuernde Kante die äußere Kante des Dampfkanals, sodass der auf dem Flachschieber lastende Dampf in den Zylinder einströmen kann. Der andere Dampfkanal dagegen wird mit dem Ausströmrohr verbunden, da der Schieber die Ausströmung freigegeben hat.

…itliche Benennung der Lokomotivteile

Gruppe: Steuerung (Heusinger)

Lonorm Tafel 2

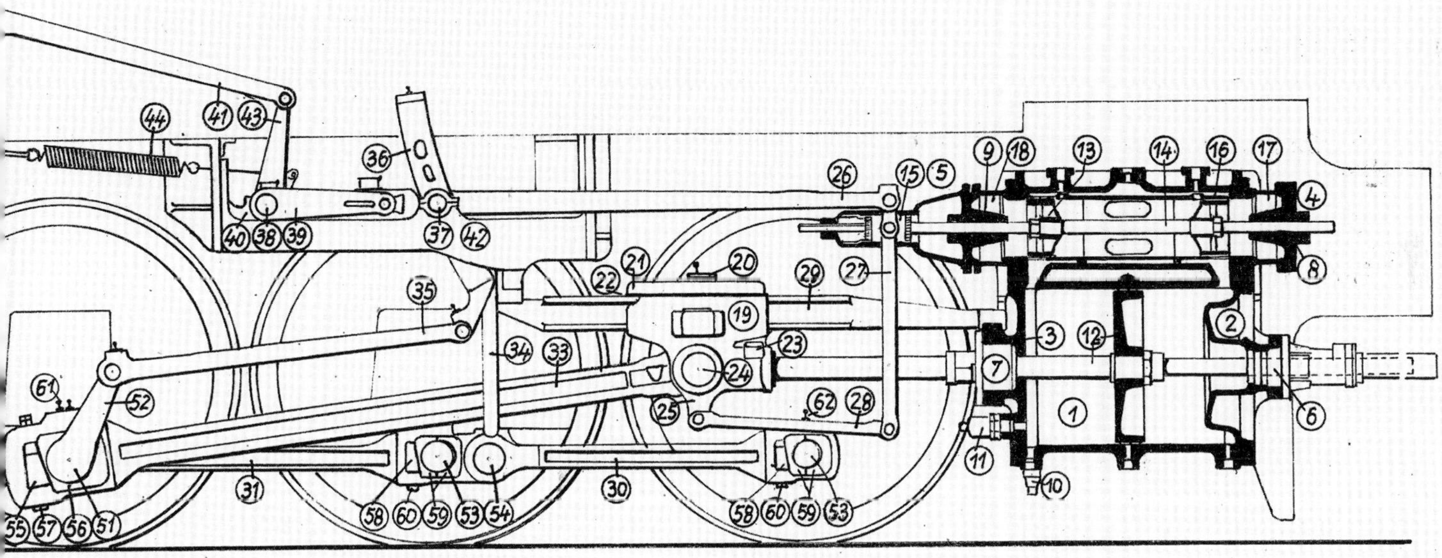

Zeichn. Nr. nach LON2	Nr.	Benennung	Zeichn. Nr. nach LON2	Nr.	Benennung	Zeichn. Nr. nach LON2
19.01	24	Kreuzkopfbolzen	20.05	47	Steuermutter	21.46
19.13	25	Lenkeransatz am Kreuzkopf	21.25(20.05)	48	Zifferstreifen zur Steuerschraube	21.47
19.16	26	Schieberschubstange	21.21	49	Steuerrad	21.49
19.20	27	Voreilhebel	21.24	50	Steuerstangenführung	21.54
19.23	28	Lenkerstange	"	51	Treibzapfen	12.08
19.28	29	Gleitbahn	20.17	52	Gegenkurbel	12.10
19.29	30	Kuppelstange zwischen 1. und 2. Radsatz	20.20	53	Kuppelzapfen	12.09
19.20	31	" " 2. " 3. "	20.21	54	Gelenkbolzen für Kuppelstangen	20.20÷24
19.23	32	3. " 4. "	20.22	55	Schraubenstellkeil für Treibstange	20.10
19.44	33	Treibstange	20.10	56	Lagerschalen für Treibstange	"
19.49	34	Fangbügel zur Treibstange	20.15	57	Stellkeilschraube für Treibstange	"
20.01	35	Schwingenstange	21.32	58	Schraubenstellkeil für Kuppelstange	20.20÷24
21.07	36	Schwinge (mit Schwingenstein)	21.26	59	Lagerschalen für Kuppelstange	"
21.12	37	Schwingenlager	21.28	60	Stellkeilschraube für Kuppelstange	"
21.11	38	Steuerwelle	21.36	61	Schmiergefäß für Treibstange	20.14
19.05	39	Aufwerfhebel	"	62	Schmiergefäße zu den Kuppelstangen	20.27
19.10	40	Steuerwellenlager	21.38			
19.11	41	Steuerstange	21.50			
20.05	42	Gleitbahn- u. Laufblechträger m. Schwingen- u. Steuerwellenlager	8.30			
20.08	43	Steuerstangenhebel	21.36			
20.05	44	Rückzugfeder zur Steuerung	21.41			
"	45	Steuerbock	21.42			
"	46	Steuerschraube und Teile	21.44			

Tenderlokomotiven, die in beiden Fahrtrichtungen gleichermaßen zum Einsatz kommen, wurden meist mit einer Kuhnschen Schleife ausgerüstet. Dazu gehört auch 64 007, hier am 21. Mai 2011 in Wittenberge. Der Aufwurfhebel greift direkt in die Schleife an der Schieberschubstange. *Foto: D. Endisch*

Wie bereits erwähnt, strömt bereits vor dem Hubwechsel Dampf ein, d.h. der Schieber muss also, wenn der Kolben die Totpunktlage erreicht hat, bereits aus der Mittellage verrückt worden sein. Dies wird als »lineares Voreilen« oder »Voröffnung« bezeichnet.

Die zur Steuerung des Dampfes erforderlichen Bewegungen des Schiebers erzeugt die Gegenkurbel. Sie muss zum Erreichen der notwendigen Voröffnung der Treibkurbel um mehr als 90° vorauseilen. Der Winkel, um den die Gegenkurbel der Treibkurbel vorauseilt, wird als »Voreilwinkel« bezeichnet. Dabei muss jedoch berücksichtigt werden, dass der Schieber für eine gleichmäßige Dampfverteilung auf beiden Seiten gleich große Wege zurücklegen muss. Die Länge der Gegenkurbel richtet sich nach der Einströmüberdeckung und der Breite des Dampfkanals.

Durch die Vergrößerung der Einströmung oder der Füllung kann der Lokführer die Leistung der Maschine den jeweiligen betrieblichen Bedürfnissen anpassen. Die Füllung kann nur durch die Veränderung der Einströmüberdeckung oder durch die Länge der Gegenkurbel bzw. des Schieberweges variiert werden. Da man jedoch an der inneren Steuerung während des Betriebes nichts ändern kann, wird die Füllung durch eine Verlängerung oder Verkürzung des Schieberweges modifiziert. Dazu wird die äußere Steuerung genutzt.

Doch zuvor sei hier kurz die *Kolbenschiebersteuerung* beschrieben. Das Zusammenspiel von Kolben, Schieber, Treib- und Gegenkurbel gilt grundsätzlich auch für diese Steuerung. Sie ersetzte den Flachschieber, der bei den mit zunehmender Lokleistung steigenden Dampfdrücken sowie mit der Einführung des Heißdampfes im Wesentlichen ausgedient hatte. Durch den auf dem Schieber lastenden Druck kam es zu erheblichen Leistungsverlusten durch die auftretende Reibung. Außerdem konnten die Dampfkanäle nicht mehr ausreichend abgedichtet werden. Der Kolbenschieber brachte hier Abhilfe. Allerdings war es nicht ratsam, die bei den Flachschiebern genutzte äußere Einströmung zu übernehmen, da sonst die Schieberstopf-

Der Arbeitsplatz eines Lokführers auf einer Maschine der Baureihe 50.35:

1. *Anstellventil für die Luftpumpe*
2. *Reglerhebel*
3. *Zusatzbremsventil für die Lokomotivbremse*
4. *Führerbremsventil für die Zugbremse*
5. *Steuerungshandrad*
6. *Anstellventil für das Druckluftläutewerk*
7. *Handgriff der Feuertür*
8. *Handhebel für den Sandstreuer*
9. *Geschwindigkeitsmesser (Tacho)*
10. *Handhebel für die Dampfpfeife*
11. *Druckmesser für die Bremse (Luftleitung, Hauptluftbehälter und Bremszylinder)*
12. *Druckmesser für den Schieberkastendruck*
13. *Wasserstand*
14. *Buchfahrplanhalter*

Die Fahrtrichtung und die Zylinderfüllungen stellte der Lokführer mit dem Steuerungshandrad (Nr. 8). Mit dem Regler (Nr. 2) wurde Dampf gegeben.
Foto: D. Endisch

▲ *Bei der Heusinger-Steuerung ersetzt der Voreilhebel die zweite Gegenkurbel. Der Voreilhebel ist oben mit der Schieberschubstange und dem Schieber sowie unten mit der Lenkerstange verbunden.* *Foto: D. Endisch*

buchsen auf Dauer zu hohen Belastungen ausgesetzt gewesen wären. Die Konstrukteure entschieden sich deshalb für die innere Einströmung, das heißt, der Dampf strömte zwischen den Schieberkörpern in den Schieberkasten ein. Jedoch musste man nun die bei den Flachschiebersteuerungen übliche Voreilung der Gegenkurbel aufgeben, da der Dampfweg entgegengesetzt war. Die Einlass- und Auslassüberdeckungen brauchten hierfür nur getauscht zu werden, womit sich auch die Bewegungsrichtung des Schiebers änderte. Die Gegenkurbel eilte nun der Treibkurbel nach.

Doch wie wird nun die Fahrtrichtung und die Füllung einer Dampflok geändert? Dies geschieht, wie bereits angedeutet, mit Hilfe der *äußeren Steuerung*. Die Fahrtrichtung der Maschine wechselt, wenn die Bewegungsrichtung des Schiebers geändert und somit der Dampf zuerst auf die andere Kolbenseite geleitet wird. Die Füllung wird, wie zuvor beschrieben, durch eine Verkürzung oder Verlängerung des Schieberweges verkleinert bzw. vergrößert.

Die einfachste Konstruktion, mit deren Hilfe man die Fahrtrichtung ändern kann, besteht darin, für Vorwärts- und Rückwärtsfahrt jeweils eine Gegenkurbel auf den Treibzapfen zu montieren. Der Radius und der Voreilwinkel beider Schwingen müssen dabei gleich groß sein. Beide Gegenkurbeln sind durch Schwingenstangen mit der beweglichen Schwinge, auch Kulisse genannt, verbunden. Je nach der gewünschten Fahrtrichtung wird die Kulisse nun verschoben, sodass entweder die obere oder die untere Gegenkurbel den Schieber antreibt. Hat die Schwinge ihren höchsten bzw. tiefsten Punkt erreicht, ist der Schieberweg am längsten und damit die Füllung am größten. Die Lok erreicht ihre höchste Leistung. Diese bereits von George Stephenson (09.06.1781–12.08.1848) erdachte äußere Steuerung entsprach jedoch Ende des 19. Jahrhunderts nicht mehr den gestiegenen Anforderungen, denn die so genannte Kulissen-Steuerung neigte bei hohen Drehzahlen zu einer ungenauen Dampfverteilung.

Anfang des 20. Jahrhunderts setzte sich schließlich die *Heusinger-Steuerung* durch. Sie besitzt nur eine Gegenkurbel, da die Schwinge der Heusinger-Steuerung als zweiarmiger Hebel ausgebildet ist und somit eine zweite Gegenkurbel überflüssig macht. Die Schwingenstange verbindet die Gegenkurbel mit der Schwinge, während die Schieberschubstange die Verbindung zwischen der Schwinge und dem Schieber herstellt. Sie ist in einem speziellen Lager, dem so genannten Schwingenstein, in der Schwinge gelagert. Durch das Heben bzw. Senken der Schieberschubstange in den oberen bzw. unteren Teil der Schwinge wird die Fahrtrichtung geändert. Der Radius der Schwinge entspricht dabei der Länge der Schieberschubstange.

Da für die Vorwärts- und die Rückwärtsfahrt nur eine Gegenkurbel vorhanden ist, kann rein konstruktiv kein Voreilwinkel eingestellt werden. Die Heusinger-Steuerung besitzt deshalb einen Voreilhebel, der am Schieberkreuzkopf montiert ist. Die Schieberschubstange ist oberhalb des Schieberkreuzkopfes mit dem Voreilhebel verbunden. Da-

durch entstehen am Voreilhebel zwei unterschiedlich lange Hebelarme, die die zusätzliche Bewegung des Schiebers in den Totpunktlagen ermöglichen. Diese Bewegung des Voreilhebels sorgt dafür, dass der Schieber um die Einströmüberdeckung und das lineare Voreilen verschoben wird.
Die Gegenkurbel der Heusinger-Steuerung eilt bei Kolbenschiebern mit innerer Einströmung der Treibkurbel im Drehrichtungssinn der Treibachse nach. Bei äußerer Einströmung mit Flachschiebern hingegen eilt die Gegenkurbel wieder voraus.
Die Heusinger-Steuerung hat gegenüber den anderen äußeren Steuerungen entscheidende Vorteile: Durch den Voreilhebel können ungleiche Schieberbewegungen ausgeglichen werden. Die Dampfkanäle öffnen und schließen deshalb schneller. Außerdem bleibt bei allen Füllungen die lineare Voreilung konstant, was zu einer gleichmäßigeren Dampfverteilung führt.

4.3 Das Triebwerk

Wichtigster Bestandteil des Triebwerks ist der Zylinderblock, der aus dem Schieberkasten und dem Dampfzylinder besteht. Die meisten Zylinderblöcke sind Gussteile, es gibt aber auch geschweißte Zylinderblöcke. Der Zylinderblock liegt mit einer oben angebrachten Leiste auf dem Rahmen und ist mit diesem mittels eines großen Flansches verschraubt. Angegossene Winkelleisten, die in einen Rahmenausschnitt greifen, verhindern ein Verschieben des Blocks in Längsrichtung. Zusätzliche Passstücke zwischen den Winkelleisten und dem Rahmenausschnitt fixieren den Zylinderblock in seiner Lage.
Der Einströmkanal befindet sich oben in der Mitte des Blocks. Ein Flansch verbindet das Einströmrohr mit dem Einströmkanal. Links und rechts neben dem Einströmkanal sitzen bei einigen älteren Zylinderblöcken noch zwei zusätzliche kleinere Flansche, an die früher Luftsaugeventile angeschlossen waren. Mit der Einführung der Druckausgleich-Kolbenschieber wurden diese Ventile überflüssig und die Anschlüsse blind geflanscht. Der Einströmkanal erweitert sich zur so genannten Ringkammer, in welcher der Schieber läuft. An beiden Enden befindet sich jeweils eine Bohrung, durch die das Kondenswasser über ein Rohr ablaufen kann (Schieberkastenentwässerung). Am Einströmkanal ist außerdem noch ein kleiner Stutzen angebracht, an dem entweder das Heißdampfthermometer (rechts) oder das Schieberkastenmanometer (links) angeschlossen wird. Unter dem Schieberkasten befindet sich der Dampfzylinder,

▲ *Die K.Sächs.Sts.E.B. rüsteten Anfang des 20. Jahrhunderts ihre Dampfloks noch mit zweischienigen Kreuzkopfführungen aus, wie z.B. 38 205 (ex sächsische XII H2). Besondere Beachtung verdient die Lage des Voreilhebels: Er ist – völlig untypisch – hinter dem Kreuzkopf angeordnet. Foto: D. Endisch*

dessen Laufflächen geschliffen sind. Der Zylinder ist an den Enden leicht erweitert, damit sich durch den auftretenden Verschleiß keine Stufe bildet und der Kolben leicht ein- und ausgebaut werden kann. Die Zylinderwände sind in der Regel 35 oder 45 mm stark und damit massiver als eigentlich notwendig. Warum? Ganz einfach: Dadurch konnten die Laufflächen bei Bedarf häufiger nachgeschliffen werden. War dies nicht mehr möglich, konnten so genannte Zylinder-

▲ *Die Gelenk-Maschinen der Bauart Meyer besitzen ein Verbundtriebwerk. Bei der Baureihe 99.51–60 (ex sächsische IV K) sind im hinteren Drehgestell die Hoch- und im vorderen Drehgestell die Niederdruckzylinder untergebracht. 99 1574-5 fuhr am 8. Mai 2016 in den Bf Mügeln ein.* *Foto: D. Endisch*

buchsen eingezogen werden, ohne dass der Zylinderblock neu angefertigt werden musste. An der Unterseite des Zylinders saßen die Entwässerungsventile, die auch als »Zylinderhähne« oder »Zylinderventile« bezeichnet werden.

Hatte der Dampf im Zylinder seine Arbeit verrichtet, entwich er in die links und rechts am Schieberkasten sitzenden Ausströmkästen, die bei älteren Loks angeschraubt wurden. Später waren die Ausströmkästen direkt an den Schieberkasten angegossen. Das Ausströmrohr saß entweder in der Mitte des Zylinders oder war über ein so genanntes Hosenrohr mit zwei Anschlüssen für den vorderen und den hinteren Ausströmkasten verbunden.

Im Zylinder saß der Kolben. Er musste einerseits hohe Drücke aushalten, durfte aber andererseits im Interesse eines guten Massenausgleichs nicht zu schwer sein. Die Kolben wurden entweder aus besonderem Stahl gegossen oder geschmiedet, teilweise gepresst. Drei oder fünf Kolbenringe schlossen den Kolben dampfdicht gegen die Zylinderwände ab. Die meist 8 mm breiten Kolbenringe bestanden aus Gusseisen und waren je nach Zylinderdurchmesser 12 bis 16 mm hoch. Die Stöße der Kolbenringe waren um 60° versetzt, damit der Dampf keinen Weg an ihnen vorbei fand. Sicherungsbleche fixierten die Stöße in ihrer Lage.

Der Kolben schwebte, getragen durch die Kolbenstange. Die aus Spezialstahl gefertigte Kolbenstange wurde hydraulisch in den Kolben gepresst und durch eine vernietete Mutter gesichert. Die Kolbenstange führte meist durch den vorderen und den hinteren Zylinderdeckel, die den Zylinder abschlossen. Stopfbuchsen aus Gusseisen dichteten die Kolbenstange ab. Die Zylinderdeckel waren in ihrer Form dem Kolben angepasst, damit der schädliche Raum minimiert werden konnte. Der Abstand zwischen Deckel und Kolben betrug im Normalfall vorne 16 mm und hinten 12 mm. Angegossene Rippen verstärkten den Zylinderdeckel, der oben einen Anschluss für den Indikator besaß. Unterhalb der Stopfbuchse besaßen einige Loks ein Zylindersicherheitsventil. Es verhinderte, dass im Zylinder z.B. beim Überreißen von Wasser ein zu hoher Druck und damit Schäden am Triebwerk entstanden. Fehlte dieses Sicherheitsventil, übernahmen Bruchplatten aus Grauguss, die am Zylinderdeckel befestigt wurden, deren Funktion.

Für die exakte Lage der Kolbenstange im Zylinder sorgten der Kreuzkopf (hinten) und die an den Zylinderdeckel angebaute Kolbenstangentragbuchse (vorne). Bei einigen Lokomotiven, die z.B. kleinere Zylinder oder eine zweischienige Kreuzkopfführung besaßen, konnte die Tragbuchse entfallen. Die Kolbenstangentragbuchse war um eine horizontale, senkrecht zur Kolbenstange verlaufende Achse drehbar gelagert, damit sie den Durchhang der Kolbenstange ausgleichen konnte.

Die am Kolben erzeugte Kraft wird von der Kolbenstange auf die Treibstange übertragen. Beide sind im Kreuzkopf durch den Kreuzkopfbolzen miteinander verbunden. Der Kreuzkopf läuft auf der Gleitbahn, die die auftretenden senkrechten Kräfte aufnimmt. Die Gleitbahn liegt auf dem hinteren Zylinderdeckel auf und ist mit einem Querträger des Rahmens verschraubt. Unterhalb des Kreuzkopfbolzens sitzt bei Maschinen mit einer Heusinger-Steuerung der Lenkeransatz, der die Lenkerstange mit dem Kreuzkopf verbindet. Die Treib- und Kuppelstangen werden normalerweise aus Stahl geschmiedet. Der Schaft wird meist ausgefräst. Der so entstehende I-förmige Querschnitt verringert das Gewicht ohne Festigkeitsverlust. Die Stangenköpfe, die die Kuppelzapfen umfassen, sind meist geschlossen. Lediglich Treibstangen für Innentriebwerke besitzen einen offenen Stangenkopf (Schnallenkopf). In den meisten Stangenköpfen sitzen Gleitlager, die nicht nachgestellt werden können. Die Lager bestehen überwiegend aus einer Lagerschale aus Rotguss und einer Lauffläche aus Weißmetall.

Das hintere Treibstangenlager, also das Lager, das den Treibzapfen umfasst, besteht aus zwei Schalen. Zwischen den Schalen befinden sich die Beilagen, die je nach Verschleiß des Lagers gewechselt werden müssen. Die hintere Lagerschale wird durch einen Stellkeil auf die vordere Schale gepresst. Der Stellkeil besitzt einen angeschmiedeten Gewindeaufsatz, der durch eine Mutter angezogen und durch eine Kontermutter gesichert wird. Die Mutter ermöglicht das Nachstellen des Lagers.

Auf den Stangenköpfen sitzen die Schmiergefäße, die entweder aufgeschweißt oder direkt in den Stangenkopf eingefräst werden. Die meisten Stangenlager haben eine so genannte Nadelschmierung. Die Schmiernadel sitzt über dem Schmierloch in einer Tülle mit einer oberen und einer unteren Führung. Durch das Einhängen von Schmiernadeln unterschiedlicher Stärke (je nach Jahreszeit oder Belastung des Lagers) wird die Ölzufuhr reguliert.

▲ *Bei Vierzylinder-Verbundmaschinen, wie hier bei 18 316 (ex badische IV h), befinden sich in der Mitte die Hochdruckzylinder und außen die deutlich größeren Niederdruck-Zylinder.* *Foto: D. Endisch*

5. Räder, Lager und Federn:
Der Rahmen und das Laufwerk

■ *Die Dampfloks der Baureihe 50.35 können Gleisbögen mit einem Radius ab 100 m durchfahren. Die Maschinen besitzen ein Krauss-Helmholtz-Lenkgestell. Außerdem sind die erste und fünfte Kuppelachse seitenverschiebbar gelagert. 50 3682-7 stand am Abend des 29. Oktober 2016 in Wittenberge. Foto: D. Endisch*

50 3682-7

Das Fahrgestell der Dampflok, früher auch als »Wagen« bezeichnet, besteht aus zwei Gruppen, dem *Rahmen* und dem *Laufwerk*.

5.1 Der Rahmen

Der Rahmen ist sozusagen das »Fundament« der Dampflok. Er trägt den Kessel und das Triebwerk und nimmt die Achslager auf, mit denen die Lok auf dem Laufwerk ruht. Der Rahmen überträgt außerdem die vom Triebwerk entwickelte Zugkraft und Geschwindigkeit auf den Zug. Außerdem ist der Rahmen der Identitätsträger der Maschine, d.h. die Betriebsnummer ist dem Fahrzeugrahmen zugeordnet.

Grundsätzlich wird zwischen Innen- und Außenrahmen unterschieden. Beim Innenrahmen liegen die Radsätze innerhalb der Rahmenwangen, beim Außenrahmen außerhalb.

Der Rahmen besteht aus den beiden Rahmenwangen und aus mehreren Rahmenverbindungen, deren Zahl von der Länge und den Belastungen des Rahmens abhängen. Nach der Bauform werden Blech- und Barrenrahmen unterschieden. Der *Blechrahmen* besteht aus hohen, normalerweise 25 bis 30 mm starken Rahmenwangen. Die gewalzten Bleche werden entweder verschweißt, vernietet oder auch verschraubt. Der *Barrenrahmen* hingegen besteht aus gewalzten bzw. geschmiedeten Stahlbarren. Aufgrund der deutlich stärkeren (70 bis 100 mm) Rahmenwangen, ist der

▲ *Die Dampflokomotiven der Baureihe 99.64–71 (ex sächsische VI K) haben seitenverschiebbare Achsen des Systems Gölsdorf. Die Laufeigenschaften der Tendermaschinen sind aber aufgrund der großen Überhänge bescheiden. 99 1715-4 stand am 14. April 2018 im Bf Steinbach.* *Foto: D. Endisch*

▲ *Schnellzug-Dampfloks besaßen meist ein vorderes Drehgestell, hier 03 2155-4 am 25. Mai 2014 in Weimar.* *Foto: D. Endisch*

Barrenrahmen deutlich niedriger. Ausschnitte in den Barren ermöglichen einen besseren Zugang zu den innerhalb des Rahmens liegenden Bauteilen, wie z.B. Federn, Lagern oder Innentriebwerken. Nach dem Grad der Bearbeitung des Barrenrahmens wird zwischen *allseitig bearbeitet* und *unbearbeitet* unterschieden. Häufig werden unbearbeitete Barrenrahmen mit Blechrahmen verwechselt. Barrenrahmen sind zwar in der Herstellung deutlich teurer, trotzdem verwendete die Deutsche Reichsbahn-Gesellschaft (DRG) für ihre Einheitslokomotiven fast ausschließlich Barrenrahmen.

Nach dem Zweiten Weltkrieg nutzten die Deutsche Bundesbahn (DB) und die Deutsche Reichsbahn (DR) für ihre Neubaudampflokomotiven wieder den Blechrahmen, der durch die Fortschritte in der Schweißtechnik billiger und schneller herzustellen war. Die Rahmenwangen wurden dabei durch angeschweißte Unter- und Obergurte verstärkt.

Die beiden Rahmenwangen werden durch die so genannten Rahmenverbindungen versteift. Als vordere Rahmenverbindung fungiert der kastenförmige, aus Pressblech hergestellte Pufferträger. In ihm sitzt der Zughaken; außerdem trägt er die beiden Puffer. Die hintere Rahmenverbindung bildet bei Schlepptender-Maschinen der Kuppelkasten, der das Haupt- und die beiden Notkuppeleisen einschließlich der Stoßpuffer und Federn für die Verbindung zwischen Lok und Tender aufnimmt. Der Kuppelkasten besteht meist aus Stahlguss. Bei Tenderloks wird der Kuppelkasten durch den hinteren Pufferträger ersetzt. Weitere Rahmenverbindungen sind meist in Höhe der Achslager der Kuppelachsen angebracht, da hier die größten Kräfte wirken. Diese Verbindungen bestehen in der Regel aus senkrechten Blechen, die mit Winkeleisen verschraubt oder bei Blechrahmen verschweißt werden. Die Rahmenverbindungen haben oft noch andere Aufgaben: Häufig dienen sie als hintere Auflage für

die Gleitbahn, Träger für die Schwinge und Steuerwelle oder bei Tenderloks als Stütze für die seitlichen Wasserkästen. Barrenrahmen werden zusätzlich durch ein Flacheisen in Höhe des unteren Rahmengurtes verstärkt.
Eine besondere Rahmenverbindung wird zwischen den beiden Zylinderblöcken eingebaut. Diese Verbindung besteht entweder aus einem Gussstück oder einer massiven Blechkonstruktion (genietet oder geschweißt). Diese Rahmenverbindung dient außerdem als Rauchkammerträger und nimmt häufig den Drehzapfen für das vordere Drehgestell oder eine andere Laufwerkskonstruktion (z.B. Bissel-Achse oder Krauss-Helmholtz-Lenkgestell) auf. Bei Drei- und Vierzylinderloks wird der mittlere Zylinderblock als Rahmenverbindung und Rauchkammerauflage verwendet. Allerdings ist die Nutzung des mittleren Zylinderblocks als Rauchkammerauflage recht problematisch, da durch die Wärmespannungen des Kessels zusätzliche Kräfte im Zylinderblock erzeugt werden, was z.B. bei der Baureihe 44 zu zahlreichen Schäden am mittleren Zylinder führte. Deshalb wurde später eine gesonderte Rauchkammerauflage entwickelt.
Wie bereits auf Seite 40 erwähnt, ist der Kessel aufgrund seiner Längenausdehnung nur in einem Punkt, der Rauchkammer, mit dem Rahmen fest verbunden. Alle anderen Verbindungen zwischen Dampferzeuger und Rahmen sind flexibel. Der Langkessel wird mit Hilfe der Pendelbleche in seiner Lage fixiert. Bei älteren Maschinen waren die so genannten Langkesselträger nur am Rahmen befestigt und der Dampferzeuger lag lose auf, sodass er sich ungehindert bewegen konnte. Mit dem Anheben der Kesselmitte war es möglich, die relativ dünnen Pendelbleche am Langkessel zu befestigen, da sie sich aufgrund der größeren Länge der Wärmeausdehnung anpassen konnten.
Der Stehkessel der Lok stützte sich auf dem Stehkesselträger ab. Dessen Bauform richtete sich nach der Bauart des Stehkessels, also ob dieser zwischen den Rahmenwangen eingezogen war oder über dem Rahmen lag. Saß der Stehkessel zwischen den Rahmenwangen, wurde der Stehkesselträger mit Trägern ausgerüstet, die sich auf der Rahmenoberkante abstützten. Eine Gleitschiene aus Rotguss sorgte dafür, dass der Kessel immer gleiten konnte und sich der Träger nicht festfraß. Eine Zwischenlage auf der Rahmenoberkante wurde zusätzlich eingebaut. Eine Klammer, die mit dem Stehkesselträger und dem Rahmen verbunden war, verhinderte ein Abheben des Kessels. Die hinten am Bodenring (siehe S. 40) angebrachten Ansätze (Schlingerstücke) saßen in einer Führung auf einer Rahmenverbindung und konnten sich nur in Längsrichtung bewegen.

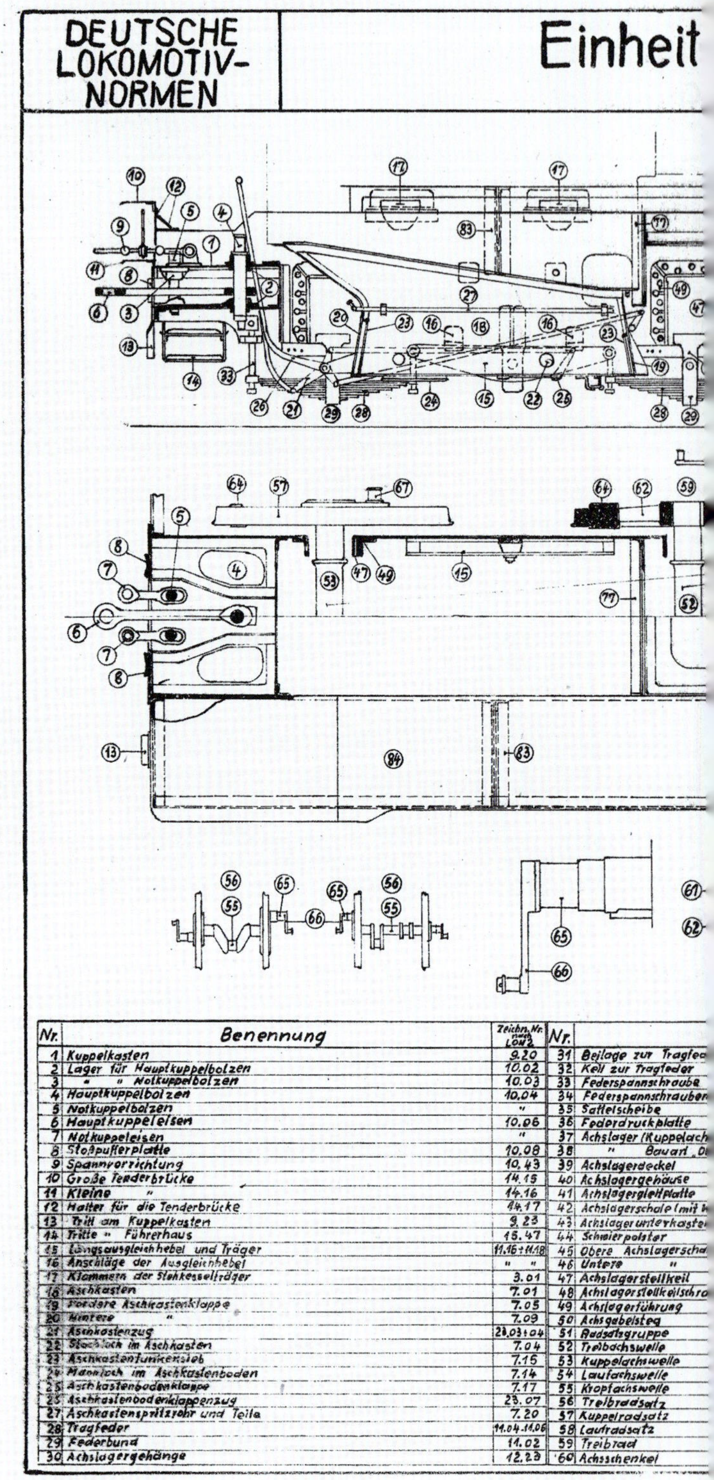

▶ *Lonorm Tafel 5* *Abbildung: Slg. D. Endisch*

Benennung der Lokomotivteile

Lonorm Tafel 5

Gruppe: Blechrahmen mit Zubehör

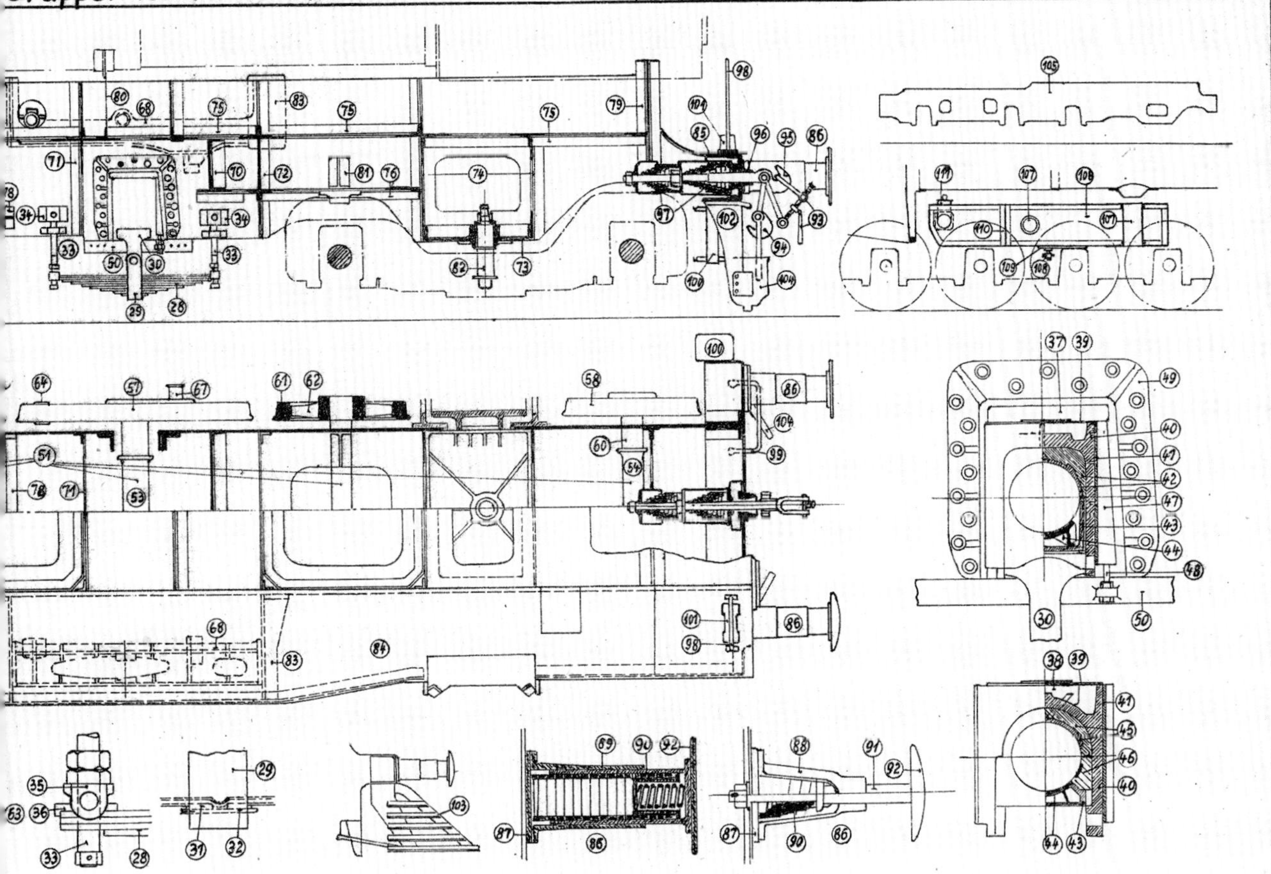

ung	Zeichn. Nr. nach LONZ	Nr.	Benennung	Zeichn. Nr. nach LONZ	Nr.	Benennung	Zeichn. Nr. nach LONZ
	11.04-11.06	61	Radreifen	18.03, 18.04	91	Pufferstange	10.26
	"	62	Radkörper	12.06, 12.07	92	Pufferteller	"
	11.12	63	Sprengring	" "	93	Schraubenkupplung	10.31
	11.10-11.13	64	Gegengewicht	12.02÷04	94	Sicherheitskupplung	10.32
	11.12	65	Treibzapfen	12.08	95	Vorderer Zughaken	10.14
	"	66	Schwingenkurbel	12.10	96	Vordere Zughakenführung	10.20
	18.16÷18.18 12.21	67	Kuppelzapfen	12.09	97	Zughakenfeder	10.39
	"	68	Gleitbahnträger mit Schwingen- und Steuerwellenlager	8.31	98	Griffe auf den Pufferträgern	9.08
	12.25 u. 12.27	69	Rahmenverbindung vor der Treibachse	8.10	99	Kupplergriff	9.11
	12.16÷12.18	70	" am Bremszylinder	8.19	100	Tritt an den Pufferträgern	9.09
	18.81	71	" hinter der ersten Kuppelachse	8.40	101	Laternenstütze am vorderen Pufferträger	24.04
ß)	"	72	" vor " " "	8.17	102	Vorderer Bahnräumer	8.33
	"	73	" für Dreh-, Lenkgestell und Zapfenlager	8.14, 8.15	103	" Kuhfänger	9.14
	12.30	74	" zwischen den Zylindern	8.21	104	Schneeschaufel	9.18
llausguß)	12.16÷12.18	75	Wagerechte Rahmenverbindung	8.10	105	Blechrahmenwange	8.07÷08
	18.81	76	" " über der Laufachse	8.16	106	Rahmenwasserkasten	8.40÷42
	12.32÷33	77	Rahmenverbindung vor dem Hinterkessel	8.22	107	Durchführungsrohre im Rahmenwasserkasten	8.35
	" "	78	Rahmenstrebe	8.18	108	Wasserkastenablaßhahn	16.18
	12.38÷39	79	Rauchkammerträger	5.03	109	Mannloch im Wasserkasten	16.12
	12.38, 12.40	80	Kesselpendelblech	8.26	110	Wasserkastenverbindung	16.07
	12.01	81	Anschlag zum Drehgestell	13.22	111	Wassereinlauf	16.09
	12.02	82	Drehzapfen	13.16			
	12.04	83	Laufblechträger	14.09			
	12.06 od. 07	84	Laufblech	14.01			
	12.02	85	Vorderer Pufferträger	9.01			
	"	86	Puffer	10.26			
	12.04	87	Puffergrundplatte	"			
	12.06 od. 07	88	Puffergehäuse	"			
	12.02	89	Pufferhülse	"			
	12.02, 12.04	90	Pufferfeder	10.39			

Stellkeile fixierten die Schlingerstücke. Je nach Größe des Kessels wurden ein oder zwei Schlingerstücke verwendet.
Lag der Kessel über der Rahmenoberkante, musste der Stehkesselträger anders konstruiert werden. Der Bodenring des Dampferzeugers wurde nun als Auflager genutzt. Außerdem wurden links und rechts von den Schlingerstücken so genannte Tragschuhe angebracht, die auf den Rahmenverbindungen auflagen und von Klammern festgehalten wurden. Zwischen der Rahmenverbindung und den Tragschuhen lagen Gleitplatten.
Eine Ausnahme bildeten die Kriegslokomotiven der Baureihen 42 und 52, für die eine spezielle Kesselauflage entwickelt wurde. Bei ihnen wurde auf das Schlingerstück und die Tragschuhe unter der Stehkesselrückwand verzichtet. Stattdessen stützte sich der Kessel mit einem Pendelblech auf dem Rahmen ab. Dieses Blech war mit einem Ansatz am Bodenring verschraubt.
Zum Rahmen gehören auch die Zug- und Stoßvorrichtungen der Lokomotive. Die Zugeinrichtung besteht aus dem abgefederten Zughaken mit der Schraubenkupplung. Der Vierkantschaft des Zughakens liegt in einer besonderen Führung im Pufferträger. Zwei starke Wickelfedern sorgen dafür, dass der Zughaken erst bei einer bestimmten Zugkraft herausgezogen wird. Die Kraft wird auf ein Sattelstück übertragen.
Die Stoßeinrichtung hat die Aufgabe, die beim Aufeinanderfahren der Fahrzeuge entstehenden Stöße zu dämpfen und die Fahrzeuge unter Spannung kuppeln zu können, ohne jedoch ihre Beweglichkeit gegeneinander einzuschränken. Das Kuppeln unter Vorspannung ist zwingend erforderlich, damit beim Anfahren und Bremsen keine Stöße oder Zerrungen im Zugverband entstehen. Zwei Puffer, die links und rechts am Pufferträger montiert sind, bilden bei Regelspur-Dampfloks die Stoßeinrichtung. Jeder Puffer besteht aus dem Pufferteller und der Pufferstange, die beide miteinander verschraubt oder vernietet sind. Die Pufferstange läuft wiederum in der Pufferhülse, die mit der Puffergrundplatte fest verbunden ist. Eine Ringfeder in der Pufferhülse nimmt die auftretenden Stoßkräfte auf.
Die Verbindung zwischen Lok und Tender muss besondere Bedingungen erfüllen: Einerseits muss sie beide Fahrzeuge so straff miteinander verbinden, dass sie eine zusammenhängende Einheit bilden. Und andererseits muss die Kupplung so beweglich sein, dass sich Lok und Tender bei ihrer gemeinsamen Fahrt nicht gegenseitig behindern. Das Hauptkuppeleisen, das vom Hauptkuppelbolzen gehalten wird, zieht den Tender und damit den gesamten Zug. Links

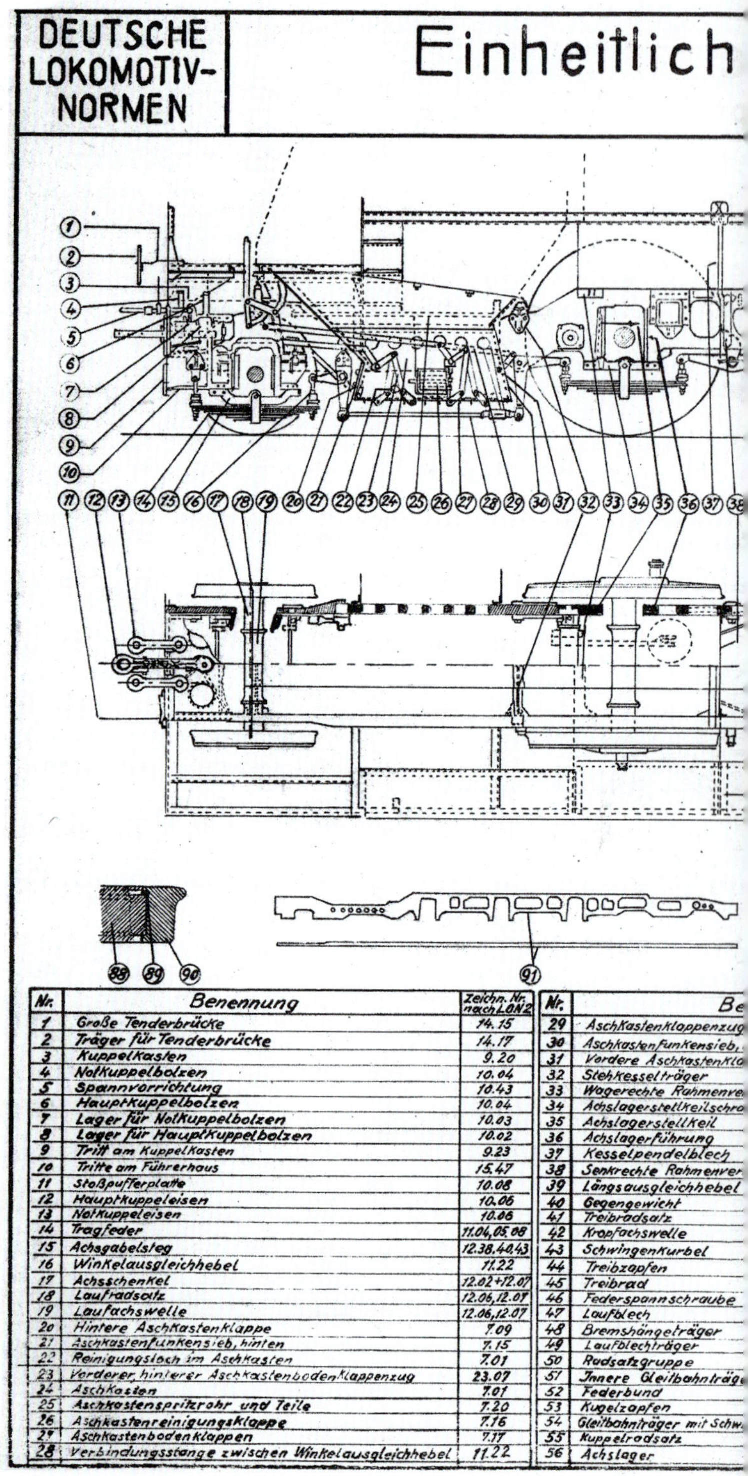
DEUTSCHE LOKOMOTIV-NORMEN

Einheitlich

Nr.	Benennung	Zeichn. Nr. nach LON 2	Nr.	Be
1	Große Tenderbrücke	14.15	29	Aschkastenklappenzug
2	Träger für Tenderbrücke	14.17	30	Aschkastenfunkensieb,
3	Kuppelkasten	9.20	31	Vordere Aschkastenkla
4	Notkuppelbolzen	10.04	32	Stehkesselträger
5	Spannvorrichtung	10.43	33	Wagerechte Rahmenve
6	Hauptkuppelbolzen	10.04	34	Achslagerstellkeilschra
7	Lager für Notkuppelbolzen	10.03	35	Achslagerstellkeil
8	Lager für Hauptkuppelbolzen	10.02	36	Achslagerführung
9	Tritt am Kuppelkasten	9.23	37	Kesselpendelblech
10	Tritte am Führerhaus	15.47	38	Senkrechte Rahmenver
11	Stoßpufferplatte	10.08	39	Längsausgleichhebel
12	Hauptkuppeleisen	10.06	40	Gegengewicht
13	Notkuppeleisen	10.06	41	Treibradsatz
14	Tragfeder	11.04,05.08	42	Kropfachswelle
15	Achsgabelsteg	12.38.40.43	43	Schwingenkurbel
16	Winkelausgleichhebel	11.22	44	Treibzapfen
17	Achsschenkel	12.02+12.07	45	Treibrad
18	Laufradsatz	12.06,12.07	46	Federspannschraube
19	Laufachswelle	12.06,12.07	47	Laufblech
20	Hintere Aschkastenklappe	7.09	48	Bremshängeträger
21	Aschkastenfunkensieb, hinten	7.15	49	Laufblechträger
22	Reinigungsloch im Aschkasten	7.01	50	Radsatzgruppe
23	Vorderer, hinterer Aschkastenbodenklappenzug	23.07	51	Innere Gleitbahnträge
24	Aschkasten	7.01	52	Federbund
25	Aschkastenspritzrohr und Teile	7.20	53	Kugelzapfen
26	Aschkastenreinigungsklappe	7.16	54	Gleitbahnträger mit Schw
27	Aschkastenbodenklappen	7.17	55	Kuppelradsatz
28	Verbindungsstange zwischen Winkelausgleichhebel	11.22	56	Achslager

▶ *Lonorm Tafel 6* *Abbildung: Slg. D. Endisch*

…enennung der Lokomotivteile

…pe: Barrenrahmen mit Zuhehör

Lonorm Tafel 6

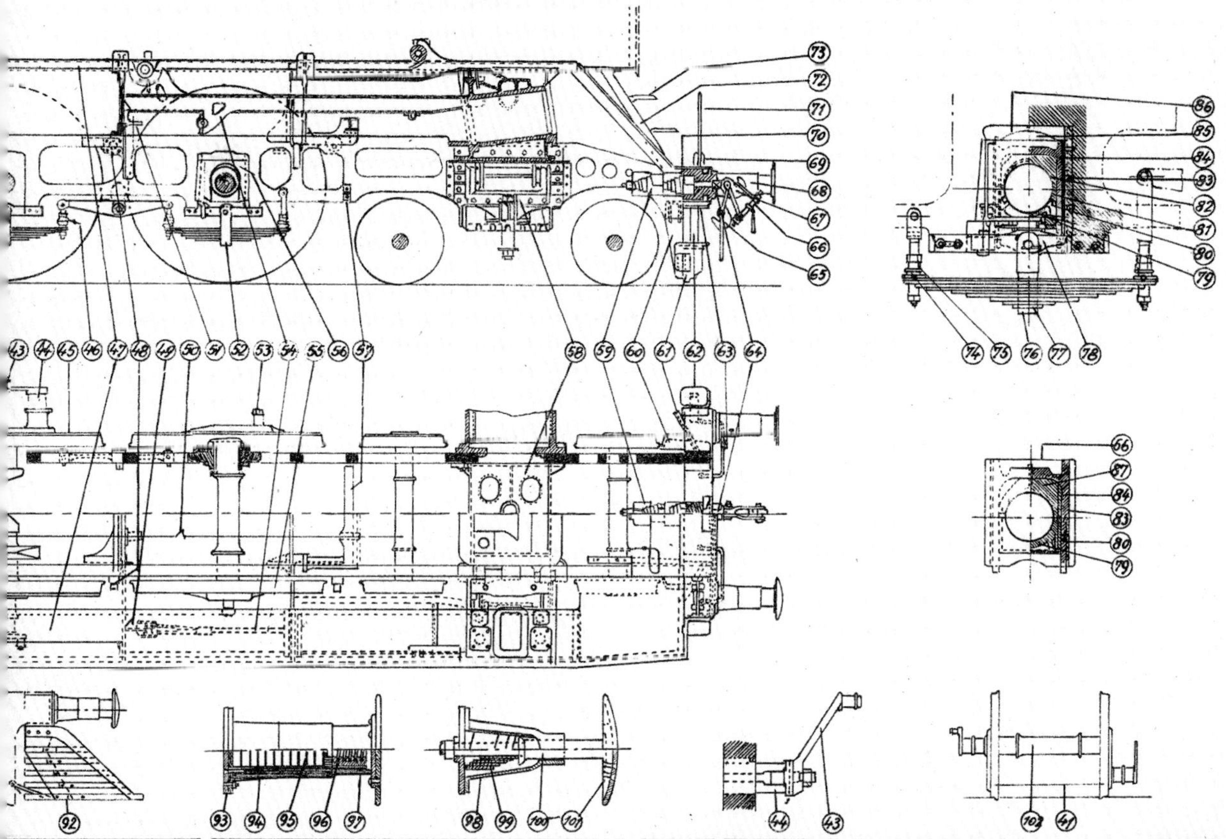

…	Zeichn. Nr. nach LON 2	Nr.	Benennung	Zeichn. Nr. nach LON 2	Nr.	Benennung	Zeichn. Nr. nach LON 2
	23.03,23.04	57	Rahmenstrebe	8.18	85	Achslagerdeckel	12.25,12.27
	7.15	58	Rahmenverbindung für Dreh-, Lengestell u. Zapfenlager	8.14	86	Achslager Bauart „Obergethmann"	12.16÷18.21
	7.05	59	Zughakenfeder	10.39	87	Achslagerschale (mit Weißmetallausguß)	12.16÷18.21
	3.01	60	Vorderer Bahnräumer	8.33	88	Radkörper	12.02+12.07
	8.22	61	Schneeschaufel	9.18	89	Sprengring	12.02+12.07
	12.32,12.33	62	Tritt an den Pufferträgern	9.09	90	Radreifen	12.02+12.07
	12.32,12.33	63	Kupplergriff	9.11	91	Barrenrahmenwange	8.07, 8.08
	12.32,33,36	64	Vordere Zughakenführung	10.20	92	Vorderer Kuhfänger	9.14
	8.26	65	Sicherheitskupplung	10.32	93	Puffergrundplatte	10.26
	8.17	66	Schraubenkupplung	10.31	94	Pufferhülse	10.26
	11.16+18	67	Vorderer Zughaken	10.14	95	Reibungsfeder	10.39
	12.02+0.5	68	Puffer [Hülsen-, Stangenpuffer]	10.26	96	Zylindrische Schraubenfeder	10.26
	12.02+03	69	Signalstütze am vorderen Pufferträger	24.04	97	Federführung	10.39
	12.02+0.3	70	Vorderer Pufferträger	9.01	98	Puffergehäuse	10.26
	12.10	71	Griffe auf den Pufferträgern	9.08	99	Pufferfeder (Schneckenfeder)	10.39
	12.08	72	Rauchkammerstrebe	5.05	100	Pufferstange	10.26
	12.02	73	Tritt an Rauchkammer	5.41	101	Pufferteller	10.26
	11.12	74	Federdruckplatte	11.12	102	Treibwelle	12.02,12.03
	14.01	75	Sattelscheibe	11.12			
	22.28	76	Keil zur Tragfeder	11.04,05,08			
	14.09	77	Beilage zur Tragfeder	11.04,05.08			
	12.01	78	Achslagergehänge	12.23			
	8.32	79	Schmierpolster	12.30			
	11.02	80	Achslagerunterkasten	12.16+18.21			
	12.09	81	Untere Achslagerschale (mit Weißmetallausguß)	12.16+18.21			
…wellenlager	8.30	82	Obere Achslagerschale (mit Weißmetallausguß)	12.16+18.21			
	12.04,12.05	83	Achslagergleitplatte	12.16+18.21			
	12.16÷18.21	84	Achslagergehäuse	12.16+18.21			

und rechts vom Hauptkuppeleisen liegen die beiden kleineren Notkuppeleisen. Bricht das Hauptkuppeleisen, übernehmen sie dessen Aufgaben. Die Augen der Kuppeleisen sind oben und unten etwas aufgeweitet, damit sich Lok und Tender auch senkrecht zueinander bewegen können, was z.B. beim Befahren von Drehscheiben, Schiebebühnen oder bei Unebenheiten im Gleis notwendig ist. Zwei Stoßpuffer drücken Lok und Tender immer soweit auseinander, dass das Hauptkuppeleisen ständig unter Spannung steht. Die Stoßpuffer dämpfen außerdem die Schlingerbewegungen der Maschine, damit sich diese nicht auf den Zug übertragen können. Bahnräumer und Rangiergriffe ergänzen die Ausrüstung des Rahmens.

5.2 Das Laufwerk

Das Laufwerk einer Dampflok umfasst alle Radsätze, alle vorhandenen Lenk- und Drehgestelle sowie alle Bauteile, mit denen sich der Rahmen auf den Radsätzen abstützt. Dazu gehören Achslager, Achslagergehäuse, Achslagerführungen, Tragfedern und Ausgleichhebel. Die Radsätze werden nach ihrer Funktion in Treib-, Kuppel- und Laufradsätze unterschieden. Der Aufbau aller Radsätze ist im Prinzip gleich: Ein Radsatz besteht aus der Achswelle und den beiden Radkörpern, die auf die Welle gepresst und mit Keilen gegen Verdrehen gesichert werden.
Bis zum Zweiten Weltkrieg bestanden die Radkörper bei der DRG ausschließlich aus Speichenrädern. Ab etwa 1940 verwendete man bei einigen Baureihen für die Tender- und Laufachsen Scheibenräder. Die Speichenräder setzten sich aus der Radnabe, den Speichen und dem Unterreifen zusammen. Bei den Treib- und Kuppelrädern wurde der Kurbelarm aus Stabilitätsgründen an die Radnabe angegossen. In den Kurbelarm wurde der Treib- bzw. Kuppelzapfen eingepresst. Auf der dem Kurbelarm gegenüberliegenden Seite befanden sich die Gegengewichte, die die umlaufenden Massen ausglichen.
Auf den Radkörper wird der Radreifen aufgeschrumpft. Der Radreifen besitzt eine kegelige Lauffläche und wird an der Innenseite durch den Spurkranz begrenzt. Die kegelige Form hat einen besonderen Zweck: Wirkt auf ein Rad eine seitliche Kraft, so läuft das Rad durch das Spiel im Gleis mit dem anderen Rand an den Schienenkopf an. Die kegelige Lauffläche erzeugt nun eine Kraft, die so lange wirkt, bis der Radsatz wieder exakt in der Mitte des Gleises läuft.

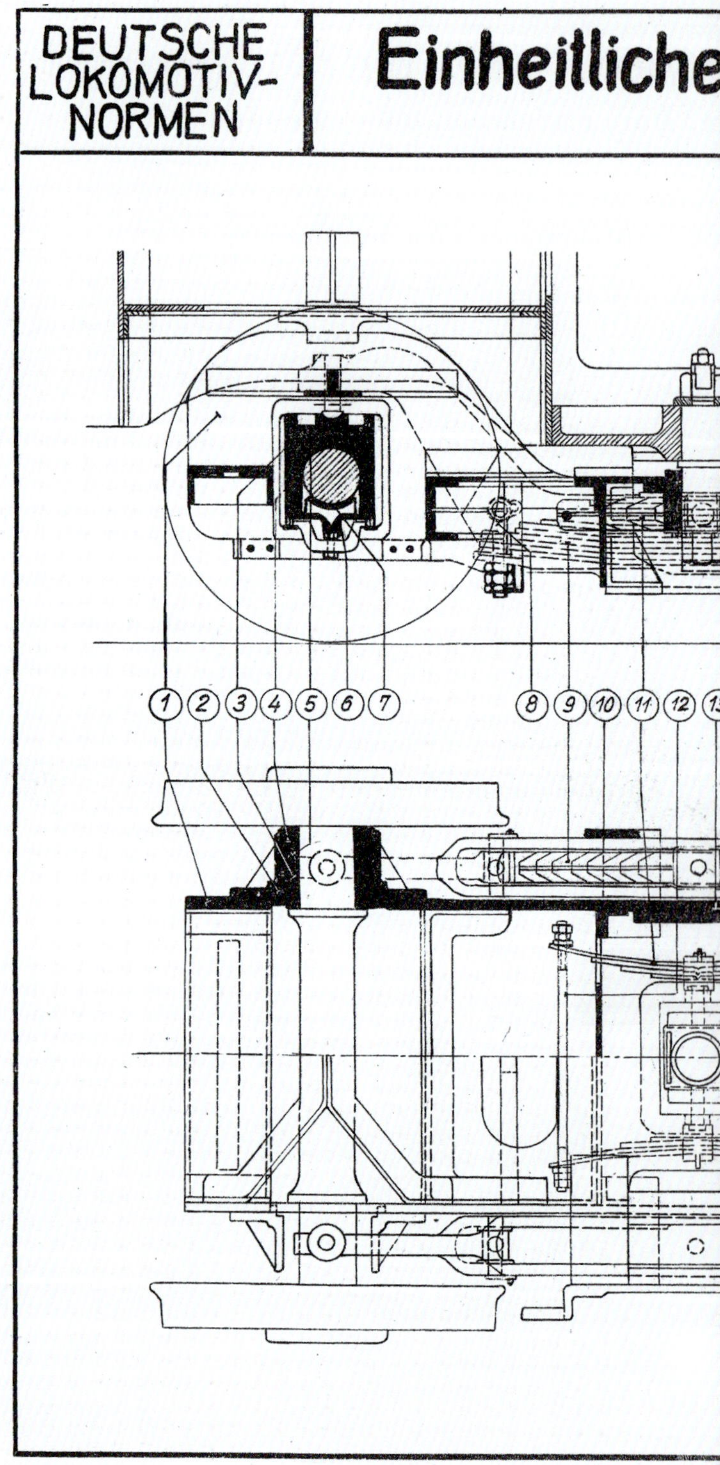

▶ *Lonorm Tafel 7* *Abbildung: Slg. D. Endisch*

nennung der Lokomotivteile

Gruppe: Drehgestell

Lonorm Tafel 7

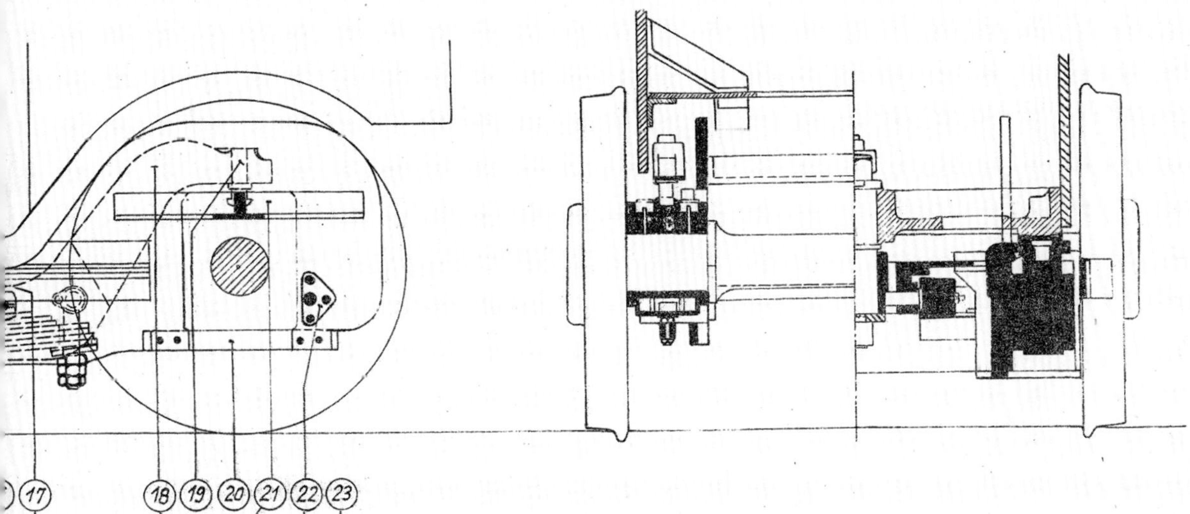

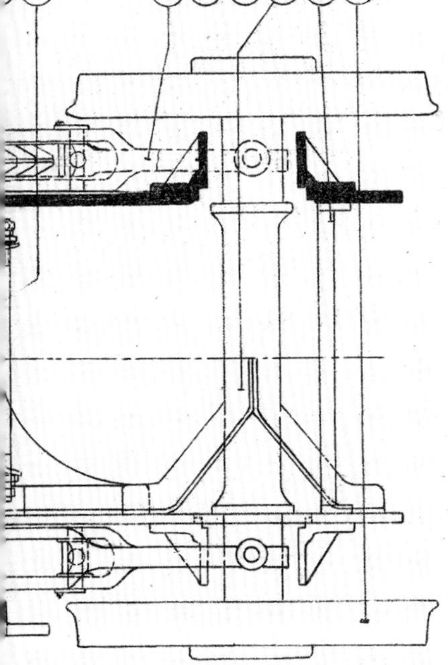

Nr	Benennung	Zeichng. Nr nach LON
1	Drehgestellwange	13. 04
2	Achslagerführung	13. 25
3	Achslagergehäuse	13. 24
4	Achslagergleitplatte	"
5	Achslagerschale mit Weißmetallausguß	"
6	Achslagerunterkasten	"
7	Schmierpolster	13. 28
8	Federspannschraube	13. 10
9	Tragfeder	13. 07
10	Fangbügel zum Federträger	13. 12
11	Rückstellfeder	13. 20
12	Spannschraube	13. 19
13	Federbügel	13. 11
14	Drehzapfenlager	13. 16
15	Drehzapfenlagerbuchse	"
16	Rahmenverbindungsblech, wagerecht	13. 08
17	" senkrecht	"
18	Federträger zum Drehgestell	13. 09
19	Druckzapfen	"
20	Achsgabelsteg	13. 26
21	Rahmenverbindungswinkel	13. 06
22	Rahmenstrebe	"
23	Laufradsatz	12. 06

Der Verwendungszweck einer Dampflok bestimmt den Durchmesser der Treib- und Kuppelräder. Mit zunehmender Höchstgeschwindigkeit wird der Durchmesser immer größer, was in erster Linie den höheren Drehzahlen und dem Massenausgleich geschuldet ist. Güterzuglokomotiven besitzen meist 1.400 mm große Treib- und Kuppelräder, bei schnellfahrenden Güterzugloks, wie z.B. den Baureihen 41 und 45, haben die Treib- und Kuppelräder einen Durchmesser von 1.600 mm. Bei Personenzuglokomotiven sind Treib- und Kuppelräder bis zu 1.750 mm groß. Die Treib- und Kuppelräder der Schnellzugloks messen meist 2.000 mm. Schnellfahrmaschinen, wie z.B. die Baureihen 05 und 61 oder das Einzelstück 18 201, besitzen sogar Treib- und Kuppelräder mit einem Durchmesser von 2.300 mm. Allerdings nimmt mit steigendem Raddurchmesser die Zugkraft ab.

Die meisten Achswellen sind gerade, lediglich die Treibachsen von Drei- und Vierzylindermaschinen besitzen gebogene (»geköpfte«) Achsen. Die Achsen sind zur Gewichtsreduzierung und zur Kontrolle des Materials auf Fehler innen durchbohrt.

Der Rahmen stützt sich über die Achslager auf den Achsen ab. Damit die während der Fahrt auftretenden senkrechten Stöße nicht auf die Lok übertragen werden, sind zwischen Rahmen und Achslagern Federn geschaltet. Meist handelt es sich dabei um Blattfedern, die die Stoßkräfte durch Reibung zwischen den einzelnen Federlagen aufzehren. Die auf den Rahmen wirkenden Stoßkräfte können so auf ein Minimum reduziert werden.

Das Achslager besteht im Wesentlichen aus dem Achslagergehäuse, der Achslagerschale und dem Achslagergehänge. Die geteilte Achslagerschale besteht aus Rotguss und einer Lauffläche aus Weißmetall. Die Stirnflächen der Lagerschale erhalten ebenfalls einen Ausguss aus Weißmetall, da sie die Anlaufkräfte an den Bunden der Achswellen und Radnaben aufnehmen müssen. Das Achslagergehäuse nimmt die Lagerschale auf und besteht entweder aus Stahlguss oder wird aus Stahl gepresst. Die Außenform des Gehäuses hat fünf ebene Flächen, damit sich die Lagerschale im Gehäuse nicht mitdreht. Bunde, die das Gehäuse umfassen, verhindern, dass sich die Schale auf der Achse verschiebt. Von unten wird dann der so genannte Achslagerunterkasten angebracht, in dem sich das Schmierpolster befindet. Einige Maschinen, wie z.B. die Baureihen 42 und 52, besitzen eine Oberschmierung. Unten am Gehäuse sind pendelnd die Achslagergehänge

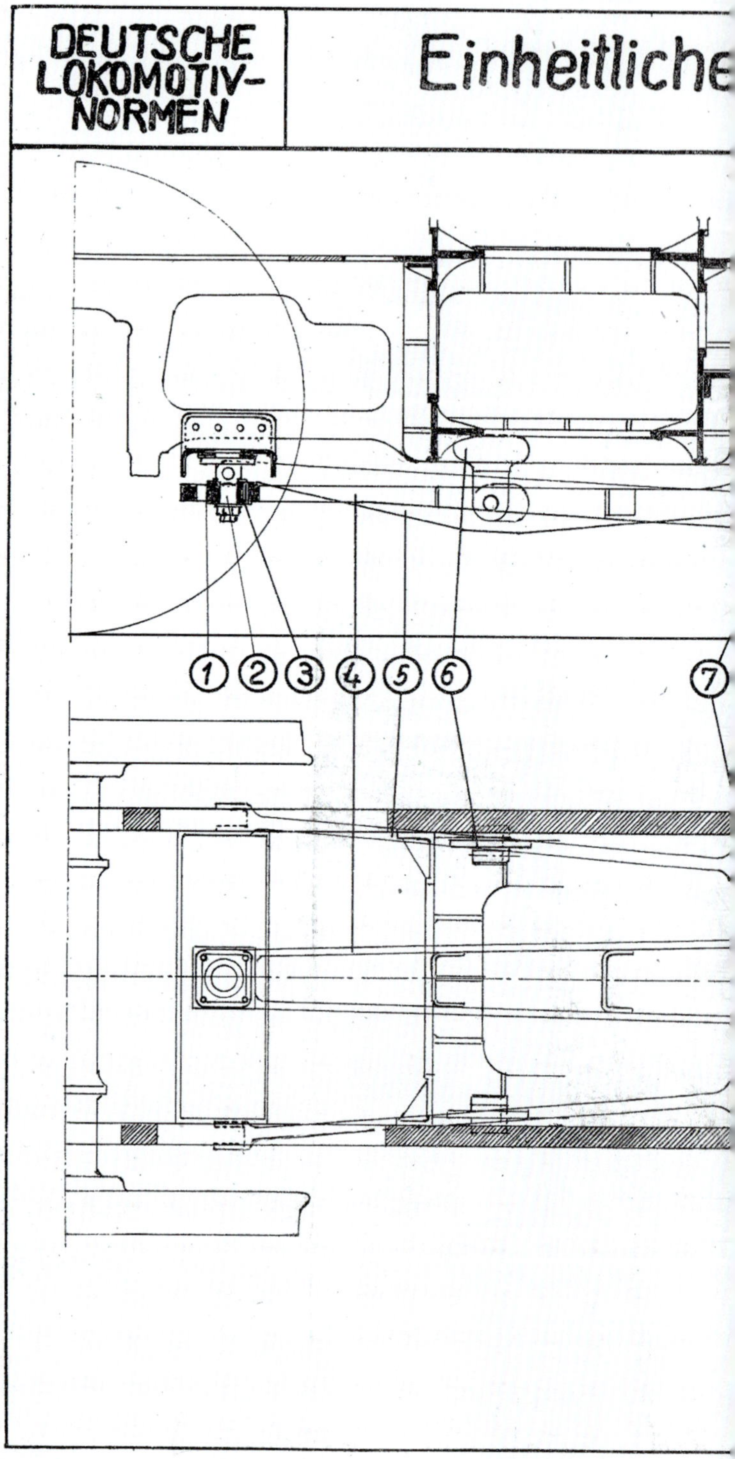

▶ *Lonorm Tafel 8* *Abbildung: Slg. D. Endisch*

enennung der Lokomotivteile Gruppe: Lenkgestell	Lonorm Tafel 8

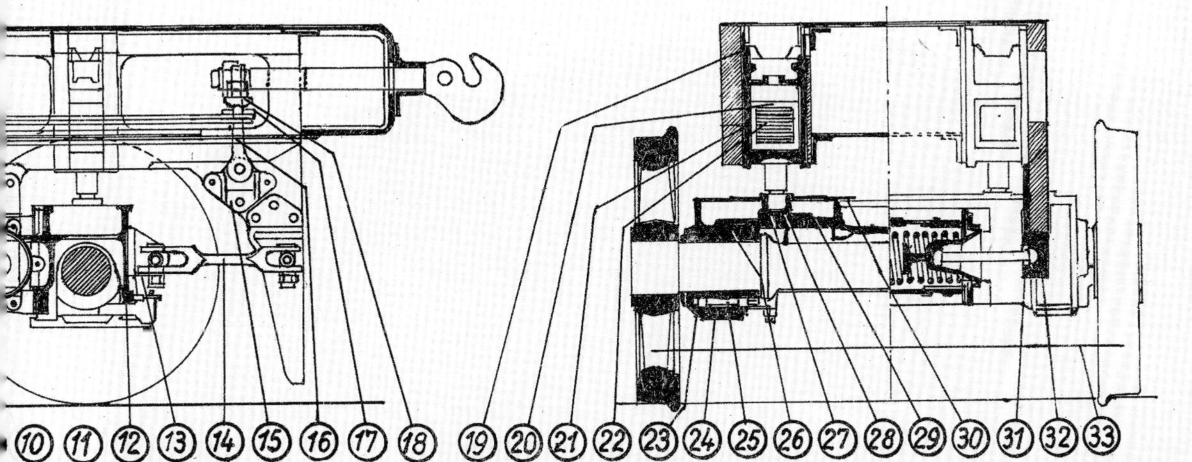

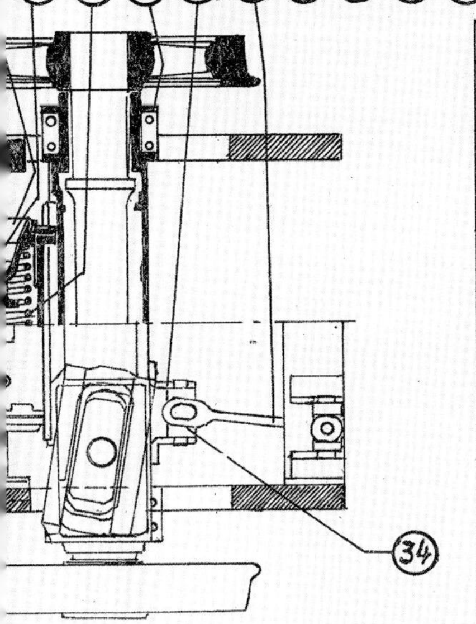

Nr.	Benennung	Zeichn. Nr. nach LON 2
1	Kugellager	13.31
2	Drehzapfen	13.36 + 37
3	Kugelstück	13.31
4	Deichsel	13.31
5	Ausgleichhebel	11.17 + 18
6	Träger	11.17 + 18
7	Gehäuse für Rückstellfeder	13.47
8	Druckring	13.47
9	Federteller	13.47
10	Druckstange	13.45
11	Rückstellfeder	13.47
12	Achslagergehäuse	13.51
13	Halter für Pendelvorrichtung	13.38
14	Pendelstange	13.38
15	Federspannschraubenträger	11.13
16	Federspannschraube	11.12
17	Federdruckplatte	11.12
18	Sattelscheibe	11.12
19	Gleitplatte	13.49
20	Federbund	13.49
21	Federstütze	13.49
22	Tragfeder	11.08
23	Achslagerunterkasten	13.51
24	Achsgabelsteg	13.51
25	Schmierpolster	13.55
26	Achslagerschale mit Weißmetallausguß	13.51
27	Gleitplatte	13.51
28	Druckplatte	13.51
29	Sattelstück	13.51
30	Achslagerdeckel	13.54
31	Halter für Druckstangenlager	13.45
32	Druckstangenlager	13.45
33	Laufradsatz	12.06
34	Gelenkstück für Pendelvorrichtung	13.38

▲ *Zahlreiche Tenderlokomotiven hatten ein symmetrisches Laufwerk, wie z.B. die 1´D1´h2t-Maschinen der Baureihe 86. Die Laufachsen der 86 1333-3 sind als Bissel-Achsen ausgeführt (Glauchau, 14. Oktober 2016).* *Foto: D. Endisch*

montiert, an denen die Tragfedern mit Bolzen befestigt werden. Das Achslagergehänge hält auch den Unterkasten. An den Seiten des Achslagergehäuses befinden sich die Gleitplatten.

Die Achslager der Treibachsen sind eine besondere Konstruktion, da die herkömmlichen Achslager nur für senkrechte Kräfte ausgelegt sind. Die Lager der Treibachse werden jedoch durch die Kolbenkräfte auch in waagerechter Richtung beansprucht. Zu den bekanntesten Treibachslagern gehören die der Bauarten Obergethmann und Mangold. Beim Obergethmann-Lager ist auch die untere Lagerschale mit Weißmetall ausgegossen und wird gegen den Achsschenkel gedrückt. Zwischen den beiden Lagerschalen liegen Beilagen, die bei Verschleiß gewechselt werden, damit die untere Lagerschale wieder anliegt. Da das Nachstellen des Obergethmann-Lagers relativ schwierig ist, wurde das Mangold-Lager entwickelt, bei dem die unteren Lagerschalen von der Seite nachgestellt werden können.

Die Achslagerführungen besitzen seitliche Leisten, die die Achslagerführungen am Rahmen umfassen. Damit sich

▲ *Bei den Mallet-Maschinen ist das hintere Triebwerk fest mit dem Rahmen verbunden, das vordere hingegen ist beweglich. 99 633, hier am 9. Oktober 2015 in Ochsenhausen, gehört zu den wenigen betriebsfähigen Malletloks in Deutschland.* *Foto: D. Endisch*

die Achsen auch quer zum Rahmen neigen können, müssen sich die Achslagergehäuse ebenfalls schief stellen können. Aus diesem Grund sind die Achslagerführungen nicht durchgehend parallel, sondern oben und unten abgeschrägt.

Der Achslagerausschnitt im Rahmen wird unterhalb des Achslagergehäuses durch den Achsgabelsteg zusammengehalten. Der Achsgabelsteg wird in Ansätze am Rahmen eingesetzt und mittels Passschrauben befestigt. Die Gleitplatten und Achslagerführungen sind im Betrieb starken Belastungen ausgesetzt. Damit sich der Verschleiß am Achslager selbst in Grenzen hält, ist auf einer Seite des Achslagers eine Beilage aus Stahl eingebaut. Auf der gegenüberliegenden Seite, meist hinten, wird ein Achslagerstellkeil montiert, der über eine Stellschraube justiert wird.

Die Tragfedern bestehen aus besonderem Stahl und ruhen entweder mit Federstützen auf den Achslagern oder hängen an den Achslagergehängen. Spannschrauben übertragen die Last des Rahmens auf die Federn.

▲ *Die Zahl der regelspurigen Mallet-Maschinen blieb in Deutschland verhältnismäßig klein. Die Bayerische Staatsbahn stellte zwischen 1913 und 1923 insgesamt 25 Exemplare der Gattung Gt 2 x 4/4 in Dienst, die die DRG als Baureihe 96.0 in ihren Fahrzeugpark einreihte. Die Baureihe 96.0 ging als größte deutsche Tenderlok in die Technik-Geschichte ein.* *Foto: Archiv D. Endisch*

5.3 Kurvenbewegliche Laufwerke

Ende des 19. Jahrhunderts standen die Eisenbahn-Ingenieure vor einem Problem: Für die immer schwerer werdenden Züge, vor allem im Güterverkehr, reichten die bisherigen Maschinen nicht mehr aus. Doch für mehr Leistung brauchten sie mehr Reibungsmasse, was mehr gekuppelte Radsätze notwendig machte. Doch wie sollten die nun benötigten Vier- und Fünfkuppler durch die Kurven fahren? Eine Möglichkeit war, das Fahrwerk zu teilen. Diesen Weg gingen beispielsweise Anatole Mallet (23.05.1837–10.10.1919) und Jean-Jacques Meyer (1804–1877), die die nach ihnen benannten Gelenk-Lokomotiven entwickelten. Beide teilten das Triebwerk in zwei Einheiten, die im Verbundprinzip arbeiteten. Während bei der Mallet-Lok das vordere Niederdruck-Triebwerk beweglich und das hintere Triebwerk fest mit dem Rahmen verbunden war, hatten die Meyer-Maschinen zwei bewegliche Triebwerke, deren Zylinder in der Fahrzeug-Mitte lagen. Zwar besaßen beide Konstruktionen einen sehr guten Kurvenlauf, doch die Laufeigenschaften bei höheren Geschwindigkeiten und die recht hohen Instandhaltungskosten sprachen gegen sie.

Erst der Chefkonstrukteur der kaiserlich-königlich österreichischen Staatsbahnen (kkStB), Karl Gölsdorf (08.06.1861–18.03.1916), löste das Problem zufriedenstellend. Er ließ zwischen den Stirnflächen der Lagerschalen und den Bunden auf dem Achsschenkel ein Spiel, sodass

▲ *Die K.Sächs.Sts.E.B. beschafften von 1910 bis 1914 insgesamt 18 regelspurige Meyer-Maschinen der Gattung I TV. Die letzten Exemplare der von der DRG als Baureihe 98.0 bezeichneten Type hatten erst 1966 ausgedient. 98 001 blieb als einzige regelspurige Meyer-Lok erhalten.* *Foto: Archiv D. Endisch*

sich die Achse bei Einfahrt in den Gleisbogen verschieben konnte. Weitere Konstruktionen folgten, doch weder die *Klien-Lindner-Hohlachsen* noch der *Luttermöller-Antrieb* konnten sich in größeren Stückzahlen durchsetzen.
Anders sah es bei den unterschiedlichen Lenkgestellen und Laufachsen aus. Zu den ältesten Konstruktionen gehörte die Bissel-Achse. Die Laufachse wurde in einer Deichsel gelagert, die am Rahmen an einem Drehzapfen befestigt war. Eine Rückstellvorrichtung brachte die Bissel-Achse nach der Kurvenfahrt wieder in die Mittellage. Die Bissel-Achse war zwar sehr einfach in der Fertigung und preiswert in der Unterhaltung, neigte aber bei zu schwacher Rückstellvorrichtung und zu hohen Geschwindigkeiten relativ leicht zum Schlingern. Die Adams-Achse hingegen wurde in Deutschland meist nur als hintere Laufachse verwendet. Die Achse lag in einem Gussrahmen. Eine kreisförmige Verbindung zwischen Achslagergehäuse und Rahmen zwang die Laufachse, sich in der Kurve radial einzustellen.
Schnellfahrende Dampflokomotiven erhielten meist ein zweiachsiges Drehgestell, das für eine sehr gute Führung im Gleis sorgte. Zahlreiche deutsche Dampfloks wurden auch mit dem Krauss-Helmholtz-Lenkgestell ausgerüstet. Bei dieser Konstruktion waren eine Laufachse und eine benachbarte Kuppelachse durch eine Deichsel miteinander verbunden.

6. Druckluft, Ventile und Klötze: Die Bremsanlage

Für Rangierfahrten wird die Zusatzbremse genutzt. Das Befahren einer Drehscheibe erfordert Fingerspitzengefühl und Erfahrung, damit die Maschine auch an der richtigen Stelle zum Stehen kommt. 50 3570-4 rollte am Morgen des 22. Oktober 2011 auf die Drehscheibe in Salzwedel. Foto: D. Endisch

W
0 3682-7
118 692-3

Die Bremse hat die Aufgabe, die Geschwindigkeit der Lokomotive und des Zuges gegebenenfalls bis zum Stillstand zu verringern. Dabei wird die Bewegungsenergie der Fahrzeuge vernichtet, in dem sie in Reibung umgewandelt wird. Bei Dampflokomotiven und bei den meisten Wagen dienen dazu Bremsklötze, die an die Radreifen gepresst werden. Neben diesen Klotzbremsen gibt es bei Kolbendampfmaschinen noch eine zweite Möglichkeit, die Bewegungsenergie in Reibung umzusetzen: Der Lokführer legt die Steuerung entgegen der Fahrtrichtung aus und gibt Gegendampf. Da jedoch diese als »Kontern« bezeichnete Methode das Triebwerk sehr stark beansprucht, darf sie nur in absoluten Notfällen angewendet werden. Eine weitere Möglichkeit besteht darin, in den Zylindern Luft zu komprimieren. Dieses Prinzip nutzt die Gegendruckbremse.

Die Kraft, mit der bei der Klotzbremse die Bremsklötze gegen die Radreifen gepresst werden, kann nicht beliebig gesteigert werden. Wird der Bremsklotz gegen das Rad gedrückt, tritt an der Berührungsstelle eine Reibungskraft (Bremskraft) auf, die versucht, das Rad festzuhalten. Diese Kraft wirkt entgegen der Drehrichtung. Das Rad rollt aber nur auf der Schiene, wenn zwischen Rad und Schiene Haftreibung auftritt. Diese verhindert auch das so genannte Gleiten, wenn die Bremskraft das Rad noch während der Fahrt zum Stillstand bringen würde. Die Haftreibung zwingt also dem Rad eine Rollbewegung auf, die entgegengesetzt der Bremskraft wirkt. Das Rad bleibt also erst stehen, wenn die Bremskraft genauso groß wie die Haftreibung oder größer ist – in diesem Fall ist die so genannte Rollgrenze erreicht. Von entscheidender Bedeutung ist jedoch dabei die Reibungszahl, die mit zunehmender Geschwindigkeit kleiner wird, während die Haftreibung immer konstant bleibt. So erklärt sich, warum die Räder schleifen, bevor die Lok zum Stehen kommt. Das Gleiten sollte beim Bremsvorgang vermieden werden, denn dadurch entstehen nicht nur die so genannten Flachstellen in den Radreifen, sondern auch der Bremsweg verlängert sich erheblich.

Die Bremsklötze sollen nach Möglichkeit immer in der Radmitte wirken. Klötze, die unterhalb der Radmitte liegen, heben die Räder während des Bremsens leicht an, was die ungebremsten Räder zusätzlich belastet. Die Treib- und Kuppelachsen der meisten Dampfloks werden nur einseitig abgebremst. Lediglich schnellfahrende Maschinen besitzen doppelseitige Bremsklötze. Diese so genannten Scherengestänge sind so angeordnet, dass die Klötze oberhalb und unterhalb der Radmitte anliegen.

Die Bremsklötze bestehen meist aus Gusseisen, das eine gute Reibungszahl auf dem Radreifen hat und diesen schont. Außerdem ist der Verschleiß gusseiserner Bremsklötze relativ gering. Die früher einteiligen Bremsklötze

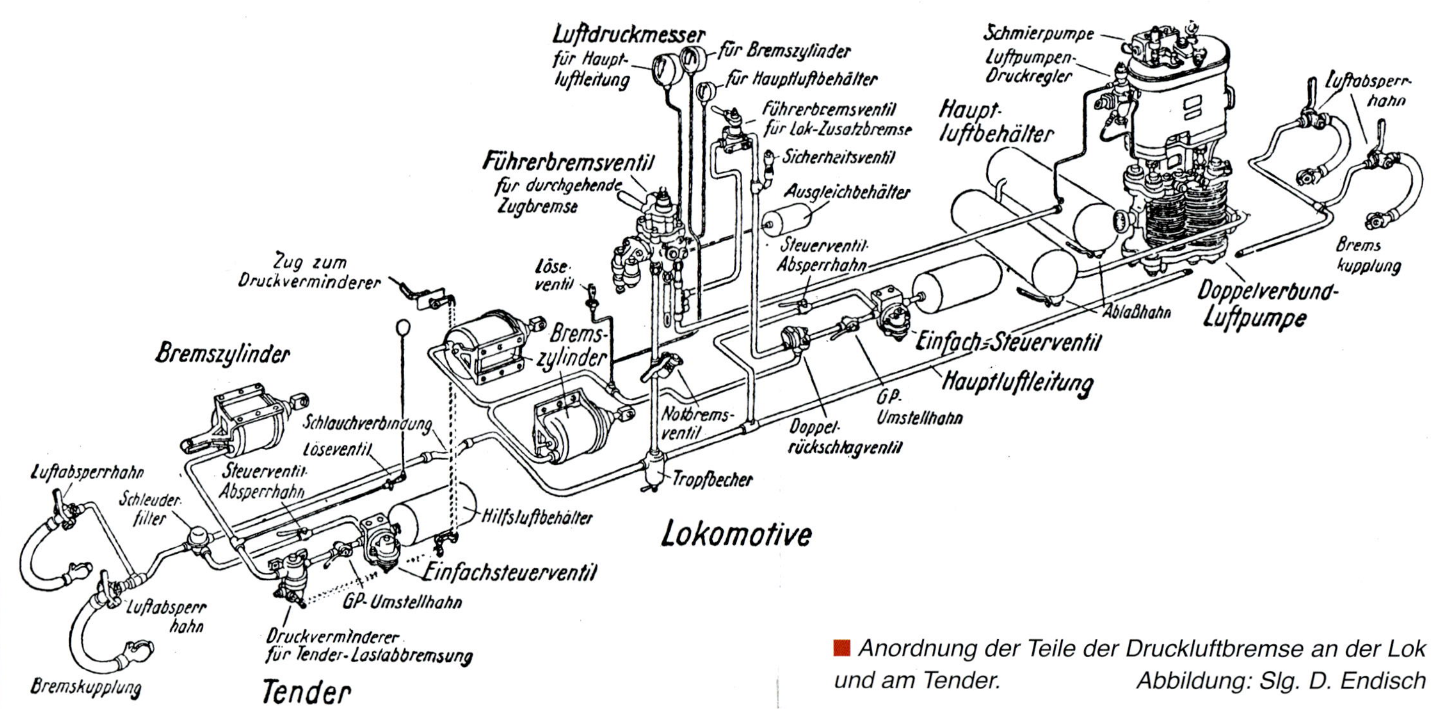

■ *Anordnung der Teile der Druckluftbremse an der Lok und am Tender.* *Abbildung: Slg. D. Endisch*

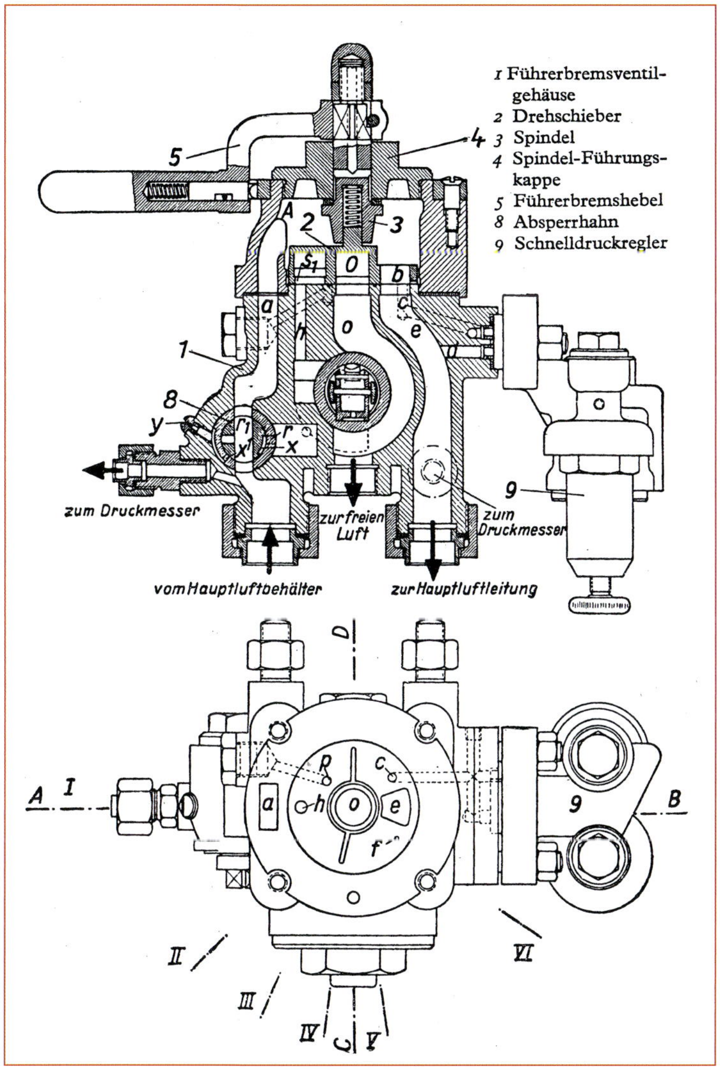

▲ *Schnitt durch ein Führerbremsventil der Bauart Knorr.*
Abbildung: Slg. D. Endisch

▲ *Die zum Bremsen notwendige Druckluft erzeugen Luftpumpen. Die DRG entwickelte für ihre Einheitsloks die Doppelverbundluftpumpe, mit der noch heute zahlreiche Museumsloks im Einsatz sind. Die Pumpen, die ein Gewicht von jeweils 580 kg haben, wurden ab 1943/44 mit einer Peterssteuerung ausgerüstet.*
Foto: D. Endisch

wurden später durch einen Bremsklotzhalter mit der aufgesetzten Bremssohle ersetzt. Da sich lange Sohlen durch die beim Bremsen erzeugte Wärme leicht aufbiegen können, wurden schnellere Dampflokomotiven mit Doppelbremsklötzen (ein Halter mit zwei Sohlen) ausgerüstet.
Das Bremsgestänge überträgt die im Bremszylinder erzeugte Kraft. Es besteht aus der Bremswelle, den Ausgleichhebeln, den Bremszugstangen, den Bremsbalken, den Ausgleichstangen und den Winkelhebeln. Ein oder zwei Bremshebel übertragen die Kraft vom Bremszylinder auf die Bremswelle. Spannschlösser im Bremsgestänge ermöglichen das Nachstellen der Bremse. Dampflokomotiven sind meist mit zwei Bremszylindern ausgerüstet, von denen jeder auf einer Maschinenseite arbeitet.
Die Klotzbremsen werden je nach dem, wie die Bremskraft erzeugt wird, in Handbremsen, Gewichtsbremsen, Dampfbremsen sowie in Druck- und Saugluftbremsen unterteilt. Dampf- und Gewichtsbremsen (z.B. Heberleinbremse) spielten bei Dampflokomotiven bereits vor dem Ersten Weltkrieg nur noch eine untergeordnete Rolle, weshalb

▲ *Vor und nach jeder Fahrt muss der Lokführer auch die Bremsanlage überprüfen. Mit einem Hammerschlag lässt sich feststellen, ob die Teile des Bremsgestänges noch in einem ordnungsgemäßen Zustand sind.* *Foto: Dr. M. Dettenberg*

sie an dieser Stelle nicht weiter erläutert werden sollen. Außerdem unterteilt man die Bremsen noch in *Einzelbremsen* und *durchgehende Bremsen*. Während Einzelbremsen nur auf ein einziges Fahrzeug wirken (z.B. Hand- und Dampfbremsen), wird bei durchgehenden Bremsen von einem Fahrzeug aus, meist der Lokomotive, der ganze Zug gebremst.

6.1 Druckluftbremsen

Die meisten Druckluftbremsen funktionieren nach demselben Prinzip: In einem nach einer Seite hin geschlossenen Zylinder sitzt ein Kolben mit einer Kolbenstange, die mit dem Bremsgestänge verbunden ist. In den abgeschlossenen Arbeitsraum des Zylinders mündet die Druckluftleitung, die an den Hauptluftbehälter, der die Druckluft speichert, angeschlossen ist. In der Druckluftleitung hat zwischen Hauptluftbehälter und Bremszylinder ein Dreiwegehahn seinen Platz. Stellt dieser eine Verbindung zwischen Hauptluftbehälter und Bremszylinder her, strömt die Druckluft in den Zylinder und der Kolben erzeugt eine Kraft. Schließt der Hahn die Luftzufuhr ab und stellt eine Verbindung mit der freien Luft her, entweicht die Druckluft und eine auf der Kolbenstange montierte Feder bringt den Bremskolben in seine Endlage.
Die wichtigsten Bestandteile der Druckluftbremse sind die Luftpumpe, die die notwendige Druckluft erzeugt, die Hauptluftbehälter, die Bremseinrichtungen an den Fahrzeugen (Bremszylinder, Bremsgestänge, Bremsklötze), die Hauptluftleitung und das Führerbremsventil.
Druckluftbremsen werden in *selbsttätige* und *nichtselbsttätige* Bremsen unterteilt. Der Unterschied: Nichtselbsttätige Bremsen sprechen bei einer Zugtrennung nicht an. Die abgetrennten Zugteile können nur durch eigene Bremsen, meistens Handbremsen, angehalten werden. Der Bremsvor-

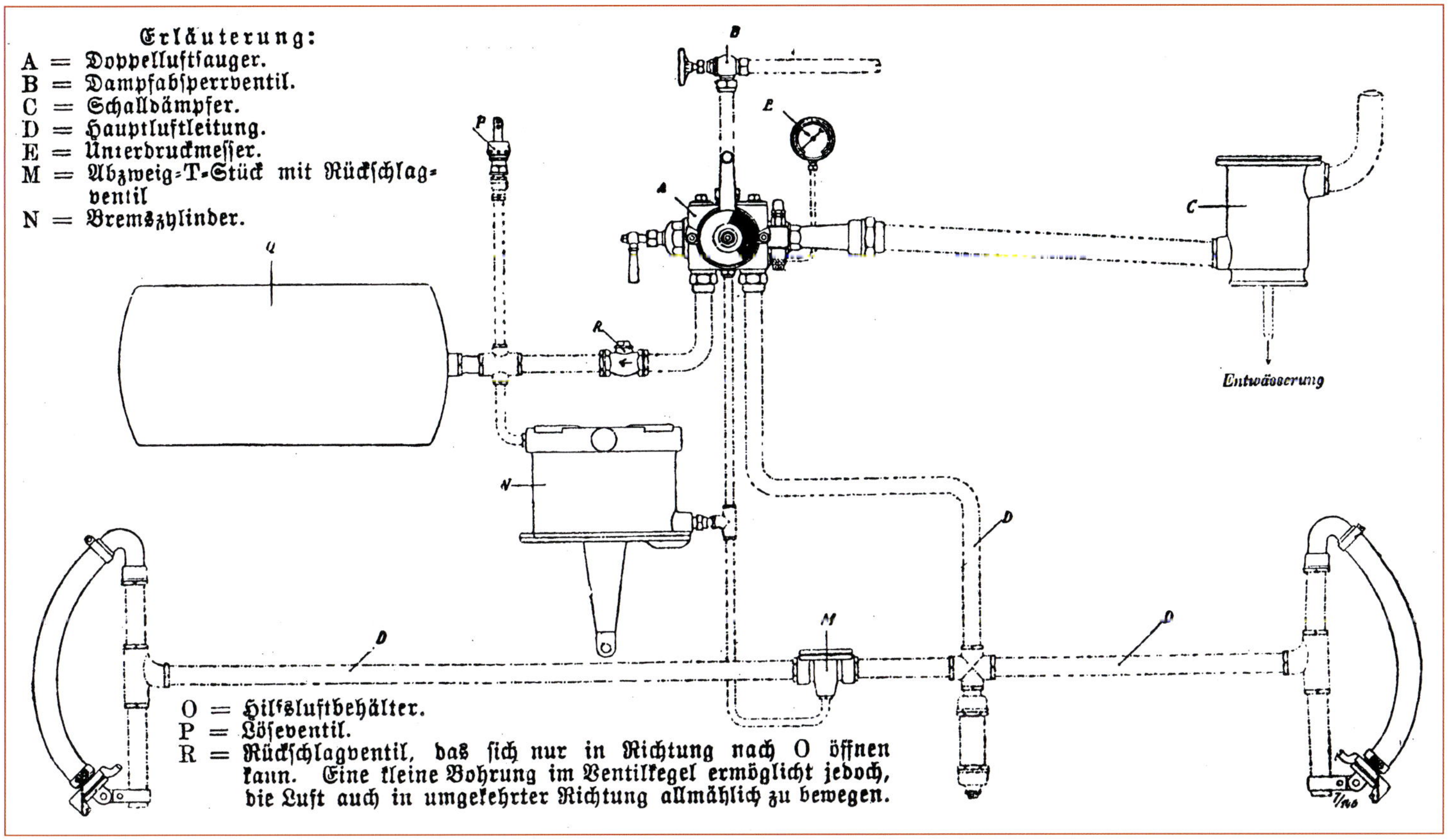

▲ *Anordnung der Teile der Saugluftbremse der Bauart Körting an einer Lok* *Abbildung: Slg. D. Endisch*

gang wird erst dann eingeleitet, wenn der Lokführer über das Führerbremsventil Druckluft in die Bremszylinder lässt. Nach diesem Prinzip funktioniert zum Beispiel die Henry-Bremse.

Bei selbsttätigen Druckluftbremsen ist der Bremszylinder nicht direkt an die Hauptluftleitung angeschlossen, sondern nur mit einem Steuerventil an einen Hilfsluftbehälter, der von der Hauptluftleitung versorgt wird. Entweicht Luft aus der Hauptluftleitung, stellt das Steuerventil eine Verbindung zwischen dem Hilfsluftbehälter und dem Bremszylinder her.

Bei einigen Bremsbauarten kann die Bremskraft nicht stufenweise gelöst werden. Sie werden als *einlösige Bremsen* bezeichnet. Wird bei diesen Bremsen nach jedem Lösen die Luftleitung nicht wieder voll aufgefüllt, kann der Druck in den Hilfsluftbehältern soweit abfallen, dass schließlich keine ausreichende Bremskraft mehr erzeugt werden kann – die Bremse ist erschöpft.

Bremsen, bei denen die Bremskraft stufenweise reduziert werden kann, heißen *mehrlösige Bremsen*. Die beim Bremsen verbrauchte Luft ist ersetzt, wenn die Bremse vollständig gelöst wurde, sodass diese Bremsen unerschöpfbar sind.

Die unterschiedliche Wirkungsweise beruht in erster Linie auf den verschiedenen Steuerventilen. Sie werden grundsätzlich in *einfachwirkende* und *schnellwirkende* unterschieden. Bei einfachwirkenden Steuerventilen dauert es vergleichsweise lange, bis die Druckreduzierung vom Führerbremsventil am Zugschluss angekommen ist. Bei ihnen ist die so genannte Durchschlagsgeschwindigkeit relativ gering. Dies ist besonders nachteilig, wenn schnell stark gebremst werden muss. Dann kann es passieren, dass der vordere Zugteil schon bremst, während der hintere mit unverminderter Geschwindigkeit aufläuft. Um dies zu verhindern, haben die schnellwirkenden Steuerventile ein so genanntes Beschleunigungsorgan, das ihre Durchschlagsgeschwindigkeit erhöht.

In Deutschland wurden seit dem Ende des 19. Jahrhunderts verschiedene Bauarten der Druckluftbremse verwendet. Zu den einlösigen Bremsen gehörten dabei die selbsttätigen Bremsen der Bauart Westinghouse (Wbr), der Bauart Knorr (Kbr), der Bauart Knorr für besonders schnellfahrende Lokomotiven (Kssbr) sowie der Bauarten Westinghouse und

▲ *Bei der IV K hängt der Bremszylinder der Saugluftbremse zwischen den beiden Drehgestellen.* *Foto: D. Endisch*

Knorr mit schnellwirkendem Steuerventil (Wpbr bzw. Kpbr). Bei den mehrlösigen Bremsen wurden die Bauarten der selbsttätigen Bremsen der Bauart Kunze-Knorr für Güterzüge (Kkgbr), der Bauart Kunze-Knorr für Personenzüge (Kkpbr), der Bauart Kunze-Knorr für Schnellzüge (Kksbr) sowie die Hildebrand-Knorr-Bremsen für Güterzüge (Hikgbr), für Personenzüge (Hikpbr) und Schnellzüge (Hikssbr) verwendet.
Jede Druckluftbremse benötigt Druckluft, die mit Hilfe einer Luftpumpe erzeugt wurde. Je nach benötigter Luftmenge wurden die Loks mit einer einstufigen, einer zweistufigen oder einer Doppelverbund-Luftpumpe ausgerüstet. Die Wirkungsweise und der prinzipielle Aufbau dieser Pumpen waren gleich. Jede Pumpe bestand aus einem Dampfteil, dessen Kolbenstange den darunterliegenden Luftteil antrieb. Einstufige Luftpumpen drückten die angesaugte Luft sofort in den Hauptluftbehälter. Doppelverbund- und zweistufige Luftpumpen hingegen saugten die Luft an und drückten sie in einen zweiten Zylinder, wo sie verdichtet und dann erst in den Hauptluftbehälter geleitet wurde. Jede Luftpumpe war mit einem Druckregler ausgerüstet. Herrschte im Hauptluftbehälter Betriebsdruck (8 kp/cm^2), unterbrach der Druckregler die Dampfzufuhr. Fiel der Druck im Hauptluftbehälter um lediglich 0,3 bis 0,4 kp/cm^2, begann die Pumpe wieder zu arbeiten.
Die Bremskraft regulierte der Lokführer mit dem Führerbremsventil. Die meisten Dampfloks waren mit dem so genannten *Drehschieber-Führerbremsventil* der Bauart Knorr ausgerüstet. Dieses Ventil saß rechts im Führerstand und stellte die Verbindung von den beiden Hauptluftbehältern zur Hauptluftleitung her. Es bestand im Wesentlichen aus dem Leitungs- bzw. Schnelldruckregler und dem eigentlichen Ventil, das sechs verschiedene Stellungen einnehmen konnte. Dies waren die Füll- oder Lösestellung (I.), die Fahrtstellung (II.), die Mittelstellung (III.), die Abschlussstellung (IV.), die Betriebsbremsstellung (V.) und die Schnellbremsstellung (VI.).
In der Stellung I wurden alle an die Hauptluftleitung angeschlossenen Bremseinrichtungen mit Druckluft gefüllt. In der Fahrtstellung (II.) wurde der Druck in der Hauptluftleitung konstant gehalten, das heißt, kleinere Druckverluste, etwa durch undichte Bremskupplungen zwischen den Fahrzeugen, ersetzte die Luftpumpe. In der Mittelstellung (III.) wurden diese Druckverluste nicht ausgeglichen. Das Führerbremsventil lag nur in der Mittelstellung, wenn vor der Maschine eine Vorspannlok fuhr, deren Lokführer nun den Zug bremste. In der Abschlussstellung (IV.) wurde die eingeleitete Brems- oder Lösestufe gehalten. Legte der Lokführer das Ventil in die Betriebsbremsstellung (V.), entwich Luft aus der Hauptluftleitung und die Bremsen griffen. Riss der Lokführer das Führerbremsventil in die Schnellbremsstellung (VI.) durch, verringerte sich der Druck in der Hauptluftleitung schlagartig und in kürzester Zeit wurde die volle Bremsleistung erzielt.
Neben dem Führerbremsventil besitzen Dampfloks noch eine Zusatzbremse. Die Zusatzbremse wird nur bei Lokleerfahrten und Rangierfahrten benutzt. Sie wirkt direkt auf die Maschine. Das Zusatzbremsventil hat nur die Lösestellung (I.), die zugleich die Fahrtstellung ist, die Abschlussstellung (II.) und die Bremsstellung (III.).

6.2 Saugluftbremsen

Saugluftbremsen wurden in Deutschland auf der Regelspur recht schnell durch Druckluftbremsen ersetzt. Ihre relativ geringe Bremskraft und der recht hohe Dampfverbrauch waren dafür verantwortlich. Auf Schmalspurbahnen konnten sich die Saugluftbremsen hingegen noch viele Jahrzehnte behaupten. Heute werden Saugluftbremsen nur noch selten genutzt, z.B. in Sachsen bei der Preßnitztalbahn (Strecke Steinbach–Jöhstadt), der Museumsbahn Schönheide (Strecke Neuheide–Schönheide Mitte) oder den Zügen des Vereins »Traditionsbahn Radebeul e.V.« (Strecke Radebeul Ost–Radeburg).
In Deutschland wurden die Saugluftbremsen der *Bauart Hardy* und der *Bauart Körting* verwendet. Beide Bremsen

▲ *Typisch für die Körting-Bremse ist der mit Koks gefüllte Schalldämpfer, der bei den Meyer-Maschinen der Baureihe 99.51–60 (ex sächsische IV K) rechts neben der Rauchkammer angeordnet ist. Das Abdampfrohr endet am Schornstein. 99 568 der Pressnitztalbahn war am 28. September 2013 hinter dem Bf Schlössel unterwegs.* *Foto: D. Endisch*

arbeiteten nach dem gleichen Grundprinzip: In einem stets senkrecht eingebauten Bremszylinder wurde auf der oberen Kolbenseite ein Unterdruck erzeugt. Der atmosphärische Luftdruck wirkte auf den Kolben und drückte diesen je nach Größe des Vakuums in den Zylinder.
Bei den in Deutschland verwendeten selbsttätigen Saugluftbremsen teilte der Kolben den Bremszylinder in eine Ober- und eine Unterkammer. Während die Unterkammer mit der Hauptluftleitung verbunden war, war die Oberkammer an den Hilfsluftbehälter angeschlossen. Der Hilfsluftbehälter vergrößerte das Volumen der Oberkammer. Im Kolben war ein Doppelventil eingebaut, das sich aus dem Rückschlag- und dem Aufstoßventil zusammensetzte. Das Doppelventil öffnete sich beim Lösen der Bremse, sodass die Oberkammer und der Hilfsluftbehälter leergesaugt werden konnten. War der Druck in der Ober- und der Unterkammer gleich, war die Bremse gelöst. Ließ der Lokführer nun Luft in die Hauptluftleitung einströmen, schloss das Rückschlagventil die Oberkammer und den Hilfsluftbehälter ab. Der atmosphärische Luftdruck erzeugte jetzt in der Unterkammer einen Überdruck, der den Kolben nach oben schob. Dadurch wurde der Zug gebremst.
Die Hardy- und die Körting-Bremse unterschieden sich lediglich in der Konstruktion der Bremszylinder und der Luftsauger voneinander. Bei der Körting-Bremse war der Bremshebel mit der Kolbenstange fest verbunden. Deshalb besaßen Kolben und Kolbenstange einen Kugelzapfen. Eine Ledermanschette dichtete den Kolben ab. Bei der Hardy-Bremse dagegen war der Bremshebel pendelnd mit der Kolbenstange verbunden und der Kolben wurde mit

durch Wechselschieber schließen
gleicher schließen.
entgegen der Fahrtrichtung legen
einspritzung mäßig öffnen.
nicht über 300° steigen lassen.
mit Drosselventil regeln
Abstellen
ventil fest schließen.
ventil ganz öffnen.
sehr langsam in Fahrtrichtung legen.
usgleicher öffnen.
ventil fest schließen.
öffnen.
Auf Blasrohr Zu

einem so genannten Rollring abgedichtet. Dieser Gummiring neigte jedoch bei großen Zylinderdurchmessern leicht zum Schieflaufen, was dann zu Undichtigkeiten führte.
Ein Dampfstrahl im Luftsauger erzeugte bei beiden Bremsen den notwendigen Unterdruck. Der Sauger der Hardy-Bremse war mit dem so genannten Kombinationsejektor ausgerüstet. Dieser Doppel-Luftsauger bestand aus zwei ineinander steckenden Ejektoren. Der größere von beiden erzeugte das Vakuum in den Bremszylindern der Fahrzeuge und der Hauptluftleitung, der kleinere hielt den Unterdruck konstant. Der Bremshebel besaß die Stellungen »Bremsen los«, »Fahrt«, »Wagenzug gebremst« und »Alles gebremst«. Bei den vereinfachten Hardy-Apparaten entfiel die Stellung »Wagenzug gebremst«. Zwischen den Stellungen »Fahrt« und »Wagenzug gebremst« bzw. »Alles gebremst« konnte der Lokführer die Bremswirkung entsprechend einstellen.
Der Körting-Sauger setzte sich hingegen aus einem kleineren und einem größeren Luftsauger zusammen, die über ein gemeinsames Ventil mit Dampf versorgt wurden. Zum Einstellen der Bremswirkung diente die so genannte Luftklappe.

6.3 Handbremsen

Nach der Eisenbahn-Bau- und Betriebsordnung (EBO) müssen alle Dampflokomotiven mit einer Handbremse ausgerüstet sein. Diese dient in erster Linie dazu, das Fahrzeug im Stillstand gegen unbeabsichtigtes Bewegen zu sichern. Bei Schmalspur-Maschinen dient die Handbremse manchmal auch als Betriebsbremse bei Rangierfahrten. Die Handbremse genügt aber nur für geringe Geschwindigkeiten. Schlepptendermaschinen besitzen selbst keine Handbremse, da damit der Schlepptender ausgerüstet ist.
Die gebräuchlichste Handbremse ist die *Wurfhebelbremse*. Sie erzeugt in kurzer Zeit die maximal mögliche Bremskraft. Dies wird durch eine besondere Konstruktion der Hebelarme erreicht. Wird der große Hebelarm aus seiner Ruhestellung bewegt, legen sich die Bremsklötze an die Radreifen an. Drückt der Wurfhebel nun weiter nach unten, verkleinert sich der Hebelarm und erzeugt auf diese Weise eine große Übersetzung, sodass eine enorme Klotzkraft entsteht.

◀ 95 027 ist derzeit als einzige betriebsfähige Dampflok in Deutschland mit einer Riggenbach-Gegendruckbremse im Einsatz. Links neben dem Steuerungshandrad befindet sich das Drosselventil. Mit dem roten Hebel wird das Blasrohr verschlossen. Links über dem Drosselventil ist das Schild mit der Bedienungsanweisung für die Gegendruckbremse montiert. Foto: D. Endisch

6.4 Gegendruckbremse

Das Funktionsprinzip der Gegendruckbremse ist simpel aber wirkungsvoll: Die kinetische Energie des Zuges wird dazu genutzt, im Zylinder der Maschine Luft zu verdichten und Wärme zu erzeugen. Das ist bei Dampfloks einfach. Der Lokführer braucht dazu nur die Steuerung entgegen der Fahrtrichtung auszulegen und schon saugt der Kolben durch die Ausströmung Luft an, die er verdichtet und dann durch die Einströmung in den Überhitzer drücken würde. Allerdings wäre so die Bremswirkung recht klein, außerdem würde Lösche in die Zylinder und Schieberkästen gelangen und Schäden verursachen. Daher besitzt die Gegendruckbremse der Bauart Riggenbach einige zusätzliche Komponenten. Mit dieser Gegendruckbremse wurden in erster Linie Maschinen ausgerüstet, die auf Steilstrecken zum Einsatz kamen, da auf diese Weise der Verschleiß an Klotzbremsen und Radreifen minimiert werden konnte. Die wichtigsten Bauteile der Riggenbach´schen Gegendruckbremse waren der Absperrschieber im Blasrohr, das Drosselventil am Schieberkasten, der Schalldämpfer und die Einspritzeinrichtung.
Fuhr die Lok ins Gefälle, öffnete der Lokführer zunächst das Drosselventil (halbe Umdrehung), damit die komprimierte Luft ins Freie gelangen konnte. Anschließend schloss er das Blasrohr und dann die Druckausgleicher. Erst jetzt legte er die Steuerung entgegen der Fahrtrichtung aus. Zur Kühlung der Zylinder musste nun in regelmäßigen Abständen Wasser eingespritzt werden, damit die Temperatur nicht über 300° C anstieg, da sonst die Schmierung versagt hätte. Den Bremsdruck regelte der Lokführer mit dem Drosselventil, wobei der Gegendruck im Zylinder dabei 6 kp/cm^2 nicht überschreiten durfte. War der Bremsdruck trotz voll geöffnetem Drosselventil zu groß, musste der Lokführer die Füllung verkleinern. Die im Zylinder komprimierte Luft entwich deutlich hörbar aus dem Schalldämpfer.
Wenn der Lokführer die Bremskraft der Gegendruckbremse nicht mehr benötigte, schloss er zuerst das Einspritzventil und öffnete das Drosselventil ganz. Die Steuerung wurde nun behutsam wieder in Fahrtrichtung ausgelegt. Jetzt öffnete der Lokführer die Druckausgleicher und schloss das Drosselventil. Zuletzt wurde das Blasrohr wieder geöffnet.

7. Pfeife, Windleitbleche und Tender: Die allgemeinen Einrichtungen

Nur wenige Tenderlokomotiven waren mit Windleitblechen ausgerüstet. Dazu gehörten u.a. die auf der Insel Usedom eingesetzten Maschinen der Baureihe 86. Am 28. April 2018 war 86 1333-3, hier als »86 1323-4« bezeichnet, mit einem Sonderzug bei Zinnowitz unterwegs. Foto: D. Endisch

86 1323-4

▲ *Die Führerhäuser der meisten Schlepptender-Dampfloks sind nach hinten offen. Bei Rückwärtsfahrten ist das Personal den Launen des Wetters mehr oder minder schutzlos ausgeliefert.* *Foto: D. Endisch*

▲ *Bei Tenderlokomotiven lassen sich hingegen die meisten Führerhäuser komplett schließen. Die Wasserkästen liegen bei der 99 4801 links und rechts neben dem Kessel. Der Kohlenkasten befindet sich hinter dem Führerhaus.* *Foto: D. Endisch*

7.1 Führerhaus, Umlauf und Windleitbleche

Der Arbeitsplatz von Lokführer und Heizer, das Führerhaus, befindet sich hinten am Stehkessel. Schlepptender-Maschinen besitzen meist ein nach hinten offenes Führerhaus. Nur bei den stromlinienverkleideten Schnellzug-Dampfloks (Baureihen 01.10, 03.10, 05 und 06), der Baureihe 23 der Deutschen Bundesbahn (DB) sowie den Kriegsloks der Baureihen 42 und 52 war der Führerstand auch nach hinten geschlossen. Die Einheitstender der Bauart 2´2´ T 26 besaßen eine Rückwand, die bei den Baureihen 23.0 und 50 das Personal vor Witterungsunbilden schützte. Tenderlokomotiven besaßen hingegen immer ein geschlossenes Führerhaus.

Die Wände des Führerhauses bestanden normalerweise aus 3 bis 4 mm starken Blechen, die innen teilweise mit Holz verschalt wurden. Das Führerhaus ruhte auf am Rahmen montierten Trägern. Die Vorderwand stützte sich zusätzlich auf dem Stehkessel ab, war mit ihm aber nicht verbunden. Der Boden des Führerstandes bestand aus Holz, das vor der Feuertür mit einer Blechplatte geschützt wurde. In der Vorderwand wurde rechts und links neben dem Stehkessel je ein Stirnfenster eingebaut, das meist drehbar war. Die Bundesbahn und die Deutsche Reichsbahn (DR) bauten später bei einigen ihrer Maschinen so genannte Klarsichtapparate ein, bei denen eine mit Druckluft angetriebene, rotierende Scheibe bei Regen und Schnee die Sicht verbesserte. Über den Stirnfenstern saßen meist Sonnenblenden. Schnell fahrende Lokomotiven erhielten dagegen oft Windstauschuten, die die Fenster vor herumfliegendem Schmutz oder Öl schützten. In die Seitenwände waren meist zwei Fenster eingebaut, von denen sich das hintere, häufig größere Fenster öffnen ließ. An beiden Seiten dieses Fensters waren kleine, meist umklappbare Schutzfenster angeordnet, die fälschlicherweise häufig als »Windschutzscheiben« bezeichnet werden. Die äußere Kante dieser Fenster markierte oft die größte nach der Eisenbahn-Bau- und Betriebsordnung (EBO) zugelassene Breite.

Das Personal gelangte über links und rechts am Führerhaus angebrachte Leitern oder Trittstufen auf den Führerstand. Schlepptender-Lokomotiven hatten oft nur Klapptüren, die bis zur Fensterbrüstung reichten. Einige Maschinen, meist Tenderloks, besaßen hohe Türen mit eingebauten Fallfenstern, also Fenstern, die sich zum Öffnen in der Tür versenken ließen. Ein Segeltuchvorhang schloss den Führerstand bei Schlepptender-Maschinen nach hinten ab.

Zur Be- und Entlüftung des Führerstandes dienten im Dach eingebaute Lüftungsklappen oder Schlitze. An den beiden Seitenwänden befand sich außerdem jeweils ein Sitz für Lokführer und Heizer. Ein Wärmeaufsatz über der Feuertür ermöglichte das Vorwärmen von Öl oder Speisen. Schlepptender-Maschinen wurden außerdem mit einer Tenderbrücke ausgerüstet, die den Spalt zwischen der Lok und dem Tender abdeckte.

Die Rückwand der Tenderlokomotiven erfüllte noch andere Aufgaben. Sie bildete beispielsweise die Vorderwand für den Kohle- und Wasserkasten. Erstere wurde meist durch eine zweiflügelige zum Kohlenkasten hin aufschlagende Tür verschlossen. In der Rückwand befanden sich außerdem mehrere Kästen, die Werkzeug, Ersatzteile und die persönlichen Gegenstände des Personals aufnahmen.

Vom Führerhaus bis vorn zur Pufferbohle reichten die Umlaufbleche. Tritte und Handstangen ermöglichten dem Personal das Besteigen des Kessels. Das Umlaufblech unterhalb der Rauchkammertür, auch als »Schürze« bezeichnet, entfiel später bei zahlreichen Loks und wurde durch ein Trittblech ersetzt. Allerdings verschmutzten auf diese Weise recht leicht die Zylinderblöcke durch herunterfallende Lösche.

Zahlreiche Baureihen besaßen links und rechts an der Rauchkammer befestigte Windleitbleche. Diese hatten die Aufgabe, den Abdampf und die Rauchgase abzuleiten, damit das Personal nicht in seiner Sicht behindert wurde.

▲ *Bei den Maschinen der Baureihen 42 und 52 endet das Umlaufblech in Höhe der Einströmrohre. Außerdem besitzen die Loks keine Umlaufschürze. 52 8184-5 stand am 6. Juli 2013 auf der Drehscheibe in Wittenberge.* *Foto: D. Endisch*

Die großen, von der Deutschen Reichsbahn-Gesellschaft (DRG) eingeführten Windleitbleche gaben den Einheitslokomotiven ihr unverwechselbares Aussehen. Die großen Blechtafeln werden heute oft fälschlicherweise als »Wagner-Windleitbleche« bezeichnet – nach Richard Paul Wagner (25.08.1882–15.02.1953), dem langjährigen Bauartdezernenten der DRG. Die während des Zweiten Weltkrieges entwickelten kleinen Windleitbleche werden häufig Witte-Windleitbleche genannt; nach Friedrich Witte (23.01.1900–25.12.1977), dem Nachfolger Wagners als Bauartdezernent.

7.2 Schmierpumpen und Beleuchtung

Für die Schmierung der unter Dampf gehenden Teile wurden alle Maschinen mit einer speziellen Schmierpumpe ausgerüstet. Diese saß meist im Führerhaus auf der linken Seite. Die ersten Zentralschmierungen für die Nassdampflokomotiven waren recht einfach: Die De Limon-Fluhme-Pumpe war ein so genannter Sichtöler und hatte seinen Platz meist im Führerhaus auf der Reglerstopfbuchse. Das Öl wurde mit einem kleinen Dampfstrahl vermischt und gelangte so zu den Schmierstellen in den Schieberkästen und

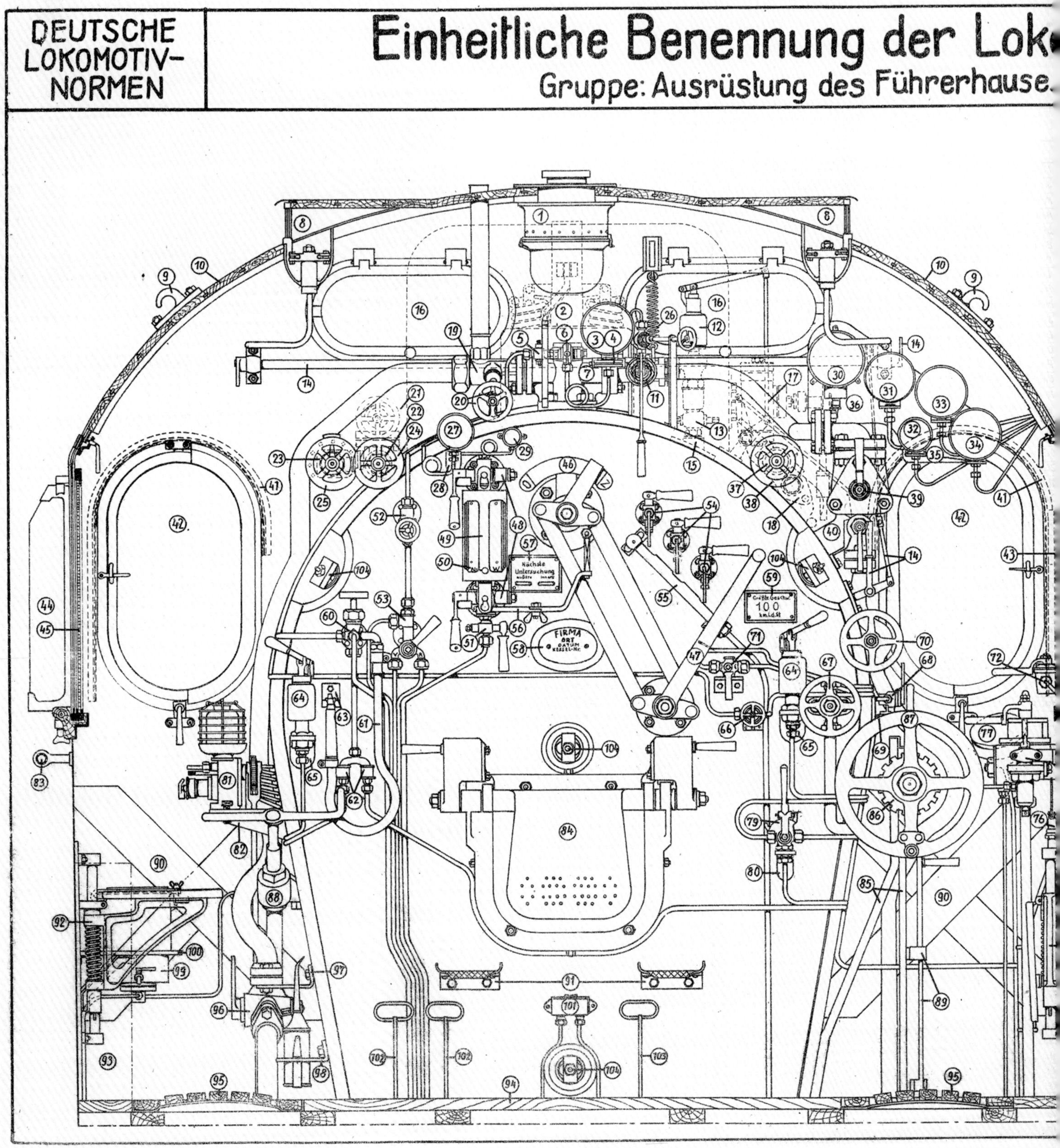
DEUTSCHE LOKOMOTIV-NORMEN
Einheitliche Benennung der Lok
Gruppe: Ausrüstung des Führerhause
Nächste Untersuchung
FIRMA
Größte Geschw.
100
km/Std

ivteile

Lonorm Tafel 4

Benennung	Zeichn. Nr. nach LON 2
Führerhauslaterne	15.42
Sicherheitsventil	4.20
Kesseldruckmesser	4.36
Halter für Kesseldruckmesser	24.11
Druckmesserhahn	4.36
Eichdruckmesserhahn	4.38
Dampfentnahmestutzen	4.02
Lüftungsaufsatz	15.30
Haken zum Abheben des Führerhauses	15.40
Holzbedachung	15.08
Strahlpumpendampfventil	4.05
Dampfpfeife	4.24
Dampfpfeifenhahn	4.25
Pfeifenzug	23.14
Untersatz zur Dampfpfeife	3.62
Klappfenster in der Führerhaus-vorderwand	15.17
Kesselspeiseventil	4.13
Feuerlöschstutzen	4.15
ampfheizventil	26.02
Zug zur Dampfheizeinrichtung	23.43
bsperrventil zur Speisepumpe	25.17
ampfventil " "	25.16
" zum Hilfsbläser	4.42
Zug zum Speisepumpendampfventil	23.37
ilfsbläserzug	23.23
ampfventil zur Koch- und Wärme-inrichtung	26.74
eizdruckmesser	26.15
alter für Heizdruckmesser	26.14
orwärmerdruckmesser	25.21
ernthermometer	4.41
Ferndruckmesser	4.40
ruckmesser für Bremsluftbehälter	22.79÷80
" " Bremsleitung	" ÷ "
" " Bremszylinder	" ÷ "
alter zum Bremsdruckmesser	22.69
" für Druckmesser	24.11
uftpumpendampfventil	22.61
Zug zum Luftpumpendampfventil	23.36
Strahlpumpe	4.04
Halter zur Strahlpumpe	24.01
Fensterschirm	15.27
Drehfenster in der Führerhaus-orderwand	15.16
Fahrplanrahmen	15.46
Seitliches Schutzfenster	15.29
Schiebefenster in der Führerhaus seitenwand	15.22
eglerstopfbuchse	3.48
eglerhandhebel	3.50
asserstandsanzeiger	4.28
asserstandsschutz	4.31
asserstandsmarke	24.39
asserstandsablaßhahn	4.47
ampfventil zur Radreifenspritze	26.48
Strahlpumpe	26.47
Prüfhahn	4.33
Fangrohr	4.34
aternenstütze zum Wasserstands-nzeiger	24.09
ntersuchungsschild	24.34
esselschild	24.30
eschwindigkeitsschild	24.35
Ventil für Aschkasten-, Rauchkammer- und Kohlenspritze	4.44 4.45 26.44

Nr.	Benennung	Zeichn. Nr. nach LON 2
61	Kohlenspritzschlauch	26.44
62	Rückschlagventil für Rauchkammer- und Aschkastenspritze	4.44 4.45
63	Halter für Kohlenspritzschlauch	26.44
64	Handschmierpumpe	25.21
65	Halter zur Handschmierpumpe	22.63 und 25.21
66	Dampfventil zum Läutewerk	26.38
67	Ventil zur Gegendruckbremse	22.71
68	Anstellhahn für Druckausgleicher	19.42
69	Halter zum Anstellhahn für Druckausgleicher	24.12
70	Handrad zum Drosselventil für Gegendruckbremse	23.45
71	Dreiweghahn zum Preßzylinder	22.73
72	Zusatzbremshahn	22.79–80
73	Halter für Zusatzbremshahn	22.60
74	Führerbremsventil	22.79–80
75	Halter zum Führerbremsventil	22.60
76	Auslöseventil	22.79÷80
77	Geschwindigkeitsmesser	26.31
78	Halter zum Geschwindigkeitsmesser	26.34
79	Hahn zum Sandstreuer	17.08
80	Halter zum Hahn für Sandstreuer	"
81	Schmierpumpe	26.21
82	Träger zur Schmierpumpe	26.25
83	Handstangenstütze	15.36
84	Feuertür	3.08
85	Steuerbock und Halter	21.42
86	Steuerschraube und Teile	21.44
87	Steuerrad	21.49
88	Spindelbock zum Kipprost	3.23
89	Führungsbock und Handhebel zum Zylinderventilzug	23.10
90	Holzversteifung der Führerhauswände	15.09
91	Tritte an der Stehkesselrückwand	15.48
92	Sitze	15.51
93	Werkzeugkasten im Führerhaus	17.21
94	Führerhausbodenbelag	15.10
95	Federnde Fußunterlage im Führerhaus	15.11
96	Dreiweghahn zur Dampfheizeinrichtung	26.04
97	Halter für Dreiweghahn	26.06
98	" " Ölflaschen	24.14
99	Teile zur Koch- und Wärmeeinrichtung	26.73
100	Halter " " "	26.75
101	Schmiergefäß	10.36
102	Aschkastenzüge	23.03
103	Aschkastenbodenklappenzug	23.07
104	Waschluken mit Pilz	3.34

◀ *Lonorm Tafel 5*
Abbildung: Slg. D. Endisch

Zylindern. Allerdings war diese Art der Schmierung vergleichsweise ineffektiv und wenig wirkungsvoll. Der Dampf zersetzte relativ schnell das Öl, was dessen Schmierfähigkeit deutlich verringerte.

Mit der Einführung des Heißdampfes mussten die Ingenieure auch neue Schmierpumpen entwickeln. Das Öl gelangte nun durch Ölleitungen zu den Schmierstellen. Ältere Heißdampf-Maschinen hatten dabei an jedem Zylinder je drei Schmierstellen für den Zylinder und zwei für den Schieber. Die DRG verbesserte die Schmierung der unter Dampf gehenden Teile, in dem die Kolbenstange und die Kolbenstangentragbuchse ebenfalls an die Schmierpumpe angeschlossen wurden.

Im Grundaufbau waren fast alle Schmierpumpen identisch: Sie bestanden aus einem Vorratsbehälter und dem darunter liegenden Pumpenteil, das über ein Gestänge von der hinteren linken Kuppelachse angetrieben wurde. Die Pumpen erzeugten dabei einen Öldruck von bis zu 200 kp/cm^2 in den Leitungen. Damit konnten selbst hartnäckige Verkrustungen in den Leitungen beseitigt werden.

Eine der ersten Hochdruck-Schmierpumpen war der De Limon-Öler, der vier bis sechs Anschlüsse besaß. Jeder Anschluss hatte eine eigene Ölkammer mit Ölstandsglas, Umschalthahn, Pumpenelement und Einstellvorrichtung für die zu fördernde Ölmenge. Die DRG ersetzte den De Limon-Öler aber bereits in den 1920er-Jahren durch Schmierpumpen der Bauarten Michalk und Bosch.

Die Michalk-Schmierpumpe, die auch als »Einheitsschmierpumpe« bezeichnet wurde, kam ab 1922 zum Einsatz. Typisch für diese Pumpe waren die drei ovalen Glasbehälter und der darunter liegende Antrieb. Eine Weiterentwicklung der Einheitsschmierpumpe war die Michalk-Hochleistungs-Ölschmierpumpe der Bauart JM, mit der die DR in der DDR später ihre Neubau- und einige Reko-Dampfloks ausrüstete. Die Michalk-Hochleistungs-Ölschmierpumpe bestand aus einem rechteckigen Vorratsbehälter aus Metall und dem ebenfalls darunter angeordneten Antrieb.

Die wohl bekannteste Schmierpumpe dürfte aber der große Bosch-Öler sein. Das Heißdampföl gelangte aus dem Vorratsbehälter über den Tropfenanzeiger und die Ölleitungen zu den Schmierstellen. Mit dem Tropfenanzeiger konnten Ölmenge und Ölfluss kontrolliert werden. Die Fördermenge wurde mit Hilfe von Flügelmuttern eingestellt.

Die elektrische Beleuchtung einer Dampflok war recht spärlich. Neben den vorgeschriebenen Signallaternen an beiden Fahrzeugenden gab es noch eine Beleuchtung für den Führerstand und die wichtigsten Armaturen (Kesseldruck-Manometer, Wasserstand, Steuerungsskala, Tachometer und Fahrplankasten). Mit einer Triebwerksbeleuchtung, die dem Personal das Abschmieren, die obligatorischen

▲ *Mit eingeschalteter Triebwerksbeleuchtung stand 50 3570-4 am Abend des 1. November 2014 vor der ehemaligen Lokleitung des Bw Wittenberge. Die Triebwerksbeleuchtung sollte den Personalen die Arbeit im Dunkeln erleichtern.* *Foto: D. Endisch*

Kontrollen und eventuelle Reparaturen bei Dunkelheit erleichterten, waren nicht alle Maschinen ausgerüstet. Die elektrische Anlage der Dampflok bestand im Wesentlichen aus dem als »Lichtmaschine« bezeichneten Turbogenerator, dem Schalt- und Sicherungskasten auf der Lok (meist über dem linken Seitenfenster), den Signallaternen an den Fahrzeugenden sowie der Triebwerks- und der Führerstandsbeleuchtung. Die Anlage war für eine Leistung von 0,5 kW bei 24 Volt ausgelegt. Die induktive Zugsicherung (Indusi) wurde auch von der Lichtmaschine versorgt, die dafür aber mit einem speziellen Umformer nachgerüstet wurde. Die meisten Museumslokomotiven erhielten jedoch in den 1990er-Jahren beim Einbau einer Indusi eine zweite Lichtmaschine.

Der Turbogenerator erzeugt den elektrischen Strom. Die meist mit Nassdampf betriebene Lichtmaschine bestand aus einer kleinen Dampfturbine und dem Generator. Ein Fliehkraftregler begrenzte die Drehzahl der Turbine auf 3.600 Umdrehungen pro Minute.

Erst ab Mitte der 1920er-Jahre wurden die Dampfloks mit einer elektrischen Beleuchtung ausgerüstet. Bis dahin besaßen sie meist eine Gasbeleuchtung. Einige Loks hatten auch eine Petroleum- oder Ölbeleuchtung. Das verwendete Ölgas war kein herkömmliches Steinkohlengas, sondern wurde durch die Vergasung von Gasöl (Vorstufe des Dieselkraftstoffs) oder Braunkohlenteeröl gewonnen. Ölgas besaß eine größere Leuchtkraft und griff Eisenteile weniger stark an. Die Gasbeleuchtung bestand aus dem 300 Liter großen Behälter, an dessen Boden ein Sicherheitsventil saß, einem Druckregler, dem Haupthahn, den Leitungen, den beiden Füllventilen und einem Druckmesser. Der Gasvorrat reichte für etwa 60 Stunden.

7.3 Sandstreuer, Tacho und Pfeife

Bei feuchten Schienen reichte die Reibung zwischen Rad und Schiene oft nicht aus, um die notwendigen Zugkräfte zu erzielen. Daher wurden Dampfloks schon recht früh mit einem Sandstreuer ausgerüstet. Der Vorratsbehälter, der Sandkasten, saß auf dem Langkessel. Sandfallrohre führten links und rechts des Kessels zu den Kuppelachsen. Die ersten Sandstreuer bedienten die Lokführer über Gestänge. Mit der Einführung der Druckluftbremse entwickelte die Firma Knorr auch einen Druckluft-Sandstreuer. Dieser hatte eine Düse, der aus dem Hauptluftbehälter über ein Ventil im Führerstand Druckluft zugeführt wurde. Der Sand rieselte in die Streudüse, wurde dort von der Druckluft aufgewirbelt und zunächst in die Förderdüse und dann in das Fallrohr gedrückt. Das Ventil besaß drei Stellungen; in den beiden Betriebsstellungen wurde entweder stark oder schwach gesandet.

Die von der DRG verwendete Sandstreudüse der Bauart Borsig, die auch als »Regelbauart« bezeichnet wurde, hatte die Form einer Treppe. Dort wurde der Sand durch einen Luftstrahl aufgewirbelt und durch einen zweiten in das Sandfallrohr geblasen. Der Sandstreuer der Bauart Borsig besaß ebenfalls zwei Betriebsstellungen.

Zur Verbesserung des Bogenlaufs wurden einige Maschinen mit einer Spurkranzschmierung ausgerüstet, denn bei der Fahrt durch einen Gleisbogen lagen die Radreifen der vorauslaufenden Laufachse und der folgende Kuppelachse eng an der Außenschiene an und nutzten sich dabei sehr schnell ab. Die DRG rüstete bereits in den 1930er-Jahren einige Loks mit einer so genannten Radreifen-Nässeinrichtung aus. Diese bestand im Wesentlichen aus einer kleinen

▲ *In den 1920er- und 1930er-Jahren waren noch zahlreiche Dampfloks der DRG mit einer Gasbeleuchtung im Einsatz. Bei den Maschinen der Baureihe 74.4–12 (ex preußische T 12) war der Gasbehälter meist unter der hinteren Pufferbohle montiert. Die Aufnahme zeigt 74 932, die am 21. September 1932 im Bw Köln Bbf stand.* *Foto: C. Bellingrodt, Archiv D. Endisch*

▲ Die elektrische Beleuchtung dient in erster Linie dazu, die Signallaternen, die Lampen im Führerhaus und die Triebwerksbeleuchtung mit Strom zu versorgen. Die großen Signallaternen werden mit 24 Volt betrieben. Foto: D. Endisch

Dampfstrahlpumpe, die Wasser auf die Radreifen sprühte. DB und DR nutzten später Fettschmierungen, die sich deutlich besser bewährten, da das Fett auf die Spurkränze gespritzt wurde und dann auf der Innenseite des Schienenkopfes sowie am Spurkranz haften blieb.

Die Ausrüstung einer Dampflok mit einem Geschwindigkeitsmesser ist erst seit Mitte der 1920er-Jahre selbstverständlich. Noch im Jahr 1927 war in dem Buch »Die Lokomotive, ihr Bau und ihre Behandlung, Leitfaden für Lokomotivführeranwärter«, dem damaligen Standardwerk für Lokführer, zu lesen: »*Obwohl die Lokomotivführer die Geschwindigkeit, mit der sie fahren, im allgemeinen im Gefühl haben, so können doch in besonderen Fällen selbst erfahrene, ältere Führer leicht zu einer unbewußten und gefährlichen Überschreitung der zulässigen Höchstgeschwindigkeit geführt werden (...). Der Lokomotivführer kann mit einem Geschwindigkeitsmesser die vorgeschriebene Geschwindigkeit genau innehalten (...). Er wird nicht durch anderweitige Geschwindigkeitsfeststellungen (etwa mit der Taschenuhr) von dem Beobachten der Signale abgelenkt.*« Die von der DRG verwendeten Geschwindigkeitsmesser der Bauart Deuta bestanden im Wesentlichen aus einem Magnet, zwischen dessen Polen ein Anker aus Aluminium lag. Auf der Ankerwelle saß die Tacho-Nadel; eine Spiralfeder hielt den Anker in seiner Ruhelage. Der Magnet wurde durch eine flexible Drahtwelle von einer Kuppelachse angetrieben. Je schneller sich die Achse drehte, desto schneller bewegte sich auch der Magnet. Dabei versuchte der Anker sich mitzudrehen, wobei er die Feder spannte. Die Tacho-Nadel zeigte nun auf der Skala die Geschwindigkeit an. Die zulässige Höchstgeschwindigkeit musste auf der Skala mit einem roten Farbstrich markiert werden.

Nach der EBO mussten Dampflokomotiven auch mit einer Pfeife ausgerüstet werden. Jede Dampfpfeife funktionierte nach dem gleichen Prinzip und bestand im Wesentlichen aus den gleichen Bauteilen. Der Pfeifton entstand, wenn Dampf aus einem Ringspalt entwich und gegen eine scharfe Kante einer Glocke strömte. Diese Glocke begann zu schwingen und erzeugte so den Pfeifton. Die Dampfpfeife bestand deshalb aus der Glocke und dem Pfeifenuntersatz, in dem das Ventil saß, welches der Lokführer vom Führerstand aus betätigte. Die bekannte Dampfpfeife der Einheitsbauart konnte einen lauten Vollton und einen schwachen Halbton (z.B. für Bahnhofssignale) erzeugen. Dazu saß in dem Hauptventil ein kleines Zusatzventil, das nur eine kleine Dampfmenge entweichen ließ.

Neben der Dampfpfeife besaßen zahlreiche Maschinen, die meist auf Neben- und Schmalspurbahnen im Einsatz waren, ein Läutewerk. In Deutschland wurden meist das Dampfläu-

▲ *Der Sandkasten sitzt bei den meisten Dampfloks auf dem Langkessel-Scheitel. Die Sandfallrohre führen zu den Kuppelachsen. Vor der Fahrt überprüft das Lokpersonal den Sandvorrat, der bei Bedarf ergänzt wird.* *Foto: Dr. M. Dettenberg*

▲ *Einige Tenderlokomotiven besaßen Wasserkästen, die am vorderen Ende abgeschrägt waren. Damit sollte dem Personal die Streckenbeobachtung erleichtert werden. 91 896 stand am25. August 2014 in Chemnitz-Hilbersorf.* *Foto: D. Endisch*

tewerk der Bauart Latowski und das Druckluftläutewerk der Bauart Knorr verwendet.

Als die DRG Ende der 1920er-Jahre begann, ein Schnellverkehrsnetz in Deutschland aufzubauen, stand auch die Einführung einer automatischen Zugüberwachung zur Debatte. Nach gründlichen Untersuchungen entschied sich die DRG schließlich für die induktive Zugsicherung, mit der aber nur Schnellzugloks ausgerüstet wurden. Die Indusi bestand aus einem Gleismagnet, der entsprechend dem Signalbild wirksam oder kurzgeschlossen war, und dem Fahrzeugteil. Dieses setzte sich aus dem Gleismagneten und dem Dreifrequenzgenerator zusammen, dessen Steuerteil mit der Druckluftbremse verbunden war. Überfuhr der Lokführer ein Halt zeigendes Signal, löste die Indusi sofort eine Zwangsbremsung aus. Heute müssen alle regelspurigen Dampflokomotiven, die für Sonderfahrten auf öffentlichen Strecken eingesetzt werden sollen, mit einer Indusi und Zugbahnfunk ausgerüstet sein.

7.4 Vorratsbehälter für Wasser und Kohle

Die Wasser- und Kohlenvorräte wurden entweder in einem speziellen, meist antriebslosen Fahrzeug, dem Schlepptender, oder im eigenen Behälter auf der Maschine mitgeführt. Der Schlepptender bestand im Wesentlichen aus den Vorratsbehältern, dem Rahmen und dem Laufwerk. Die Wasserkästen hatten, außer bei den Wannentendern, ebene Wände und waren aus 6 mm starken Blechen gefertigt. Winkel- und T-Eisen versteiften den Wasserkasten. Die Decke bildete gleichzeitig den Boden des Kohlenkastens. Die Querfachwerke und Querwände, die gleichzeitig als Schwallbleche dienten, übertrugen die vom Kohlenkasten ausgehende Last auf den Rahmen. Je nach Bauart waren die Tender mit Drehgestellen, festgelagerten Achsen oder mit einem Drehgestell und zwei oder drei festgelagerten Achsen ausgerüstet.

Eine Sonderrolle nahmen die im Zweiten Weltkrieg entwickelten Wannentender ein. Die auch als »Leichtbautender« bezeichneten Fahrzeuge bestanden aus einem oben abgeflachten Zylinder. Die aus 8 mm starken Blechen gefertigten Tender wurden vorn und hinten durch ein gewölbtes Blech verschlossen. Die in der Herstellung sehr preiswerten Tender, die auch ein großes Fassungsvermögen besaßen, hatten jedoch einen Nachteil: Aufgrund des fehlenden Rahmens verdrehten sich die Tenderwannen durch die Zuglasten im Laufe der Jahre. Aus diesem Grund musste die DR in der DDR in den 1960er-Jahren zahlreiche neue Tenderwannen beschaffen.

Hinten oder an den Seiten befanden sich die Wassereinläufe, die durch Deckel, die das Personal mit Hilfe eines Gestänges entweder vom Boden oder vom Führerstand aus betätigte, verschlossen wurden. Die Einheitstender besaßen neben den Haupteinläufen (3.000 mm über Schienenoberkante) noch zwei kleine Noteinläufe (2.750 mm über Schienenoberkante). Schlepptender besaßen weiterhin zwei Saugleitungen, die mit den Strahlpumpen bzw. der Strahl- und der Kolbenspeisepumpe der Lok verbunden waren. Die Saugleitungen begannen in den Saugkästen am Tenderboden. Ein Wasserstandsanzeiger und ein Ablassventil am Tenderboden gehörten außerdem zur Ausrüstung des Wasserkastens.

Auf dem Wasserkasten saß der Kohlenkasten, dessen Seitenwände meist durch Streben verstärkt wurden. Zum Führerstand hin wurde der Kohlenkasten entweder durch Schleusentüren oder eingesteckte Schutzbretter abgeschlossen. Weiterhin besaß der Tender abschließbare Kästen und Schränke für Werkzeug, Ölkannen, Ersatzteile und die persönlichen Gegenstände des Personals. Einige Tender waren unterhalb des Kohlenkastens mit einem so genannten Schürgeräterohr ausgerüstet. Dadurch gelangte der Heizer einfacher und schneller an die benötigten Arbeitsgeräte. Fehlte dieses Rohr, dann mussten die Schürgeräte entweder an Haken an der linken Außenwand des Kohlenkastens oder auf dem linken Wasserkasten abgelegt werden.

▲ *In den 1950er-Jahren lösten die kleinen Windleitbleche der Bauart Witte die großen Windleitbleche ab. Die Windleitbleche gaben den Maschinen ein unverwechselbares Aussehen.*
Foto: D. Endisch

Bei Tenderlokomotiven saßen die Wasserkästen meist links und rechts neben dem Steh- und Langkessel. Unterhalb des Kohlenkastens befand sich bei vielen Maschinen eine weitere Zisterne, die mit den anderen beiden Wasserkästen durch Rohre verbunden war. Bei einigen Baureihen lag der Wasserkasten unterhalb des Stehkessels oder wurde zwischen die Rahmenwangen gehängt. Der Brennstoff lagerte bei Tendermaschinen entweder im Kohlenkasten hinter dem Führerhaus oder links vor dem Führerhaus. Einzelne Maschinen besaßen auch rechts (und links) vor dem Führerhaus einen Kohlenkasten.

8. Enthusiasmus, Geld und Geduld – Der Dampflokbetrieb heute

An ausgewählten Wochenenden bespannt 95 1027-2 Sonderzüge auf der als »Rübelandbahn« bekannten Steilstrecke Blankenburg (Harz)–Rübeland. Am 15. April 2018 bezwang 95 1027-2 die Steigung zwischen Braunesumpf und Hüttenrode.

Foto: D. Endisch

▲ *Der im ehemaligen Bw Glauchau ansässige Verein »IG Traditionslok 58 3047 e.V.« setzt seine betriebsfähige 35 1097-1 für Sonderfahrten ein. Die Maschine stand am 30. Juni 2013 mit den nicht betriebsfähigen Schaustücken 58 3047-6 und 50 1849-4 vor dem heimatlichen Lokschuppen.* *Foto: D. Endisch*

Glutrot bricht sich das Licht der Morgensonne in den Scheiben der großen Fenster. Im weiten Schuppenrund, dessen Luft nach Kohle, Dampf und heißem Öl riecht, herrscht noch Ruhe. Nur das leichte Rauschen des Dampfes, der aus einem nicht richtig geschlossenen Ventil entweicht, und das typische Schmatzen einer Doppelverbundluftpumpe unterbrechen die Stille.

Dort stehen sie, wie in alten Zeiten – 50 3624, 50 3682, 50 3570, 50 3700 und 50 3685. Ihre Tender glänzen schwarz in der tief stehenden Sonne. Das Personal der Frühschicht dreht noch einmal seine Runde. Lokführer und Heizer entern auf den Führerstand der 50 3570 und schon ertönt das charakteristische Rauschen des Hilfsbläsers. Die Marcotty-Feuertür klappert, das Schaufelblech fährt knirschend in die Kohle. Sechs Schippen und weiter geht es hinüber zur 50 3682. Hier das gleiche Spiel und schon kehrt wieder Ruhe ein. Kleine Rauchwolken entweichen aus den Essen – Dampflok-Atmosphäre wie zu Großvaters Zeiten.

Diese Zeitreise ist heute in Deutschland 30 Jahre nach dem Ausscheiden der letzten regelspurigen Dampfloks aus dem Plandienst nicht nur im »Historischen Lokschuppen Wittenberge«, sondern auch an vielen anderen Orten, z.B. in Berlin-Schöneweide, Bochum-Dahlhausen, Chemnitz-Hilbersdorf, Glauchau, Halle (Saale), Heilbronn, Neustadt (Weinstraße), Nördlingen, Schwarzenberg und Staßfurt, möglich. Immerhin gibt es im Sommer 2018 zwischen Flensburg und den Alpen noch etwa 75 betriebsfähige Re-

▲ *Zu den unumstrittenen Stars unter den Museumsdampfloks zählt 03 1010-2, hier am 19. Mai 2012 in Weimar. Mit einer Höchstgeschwindigkeit von 140 km/h ist die Dreizylinderlok für Sonderfahrten auf längeren Strecken bestens geeignet. Foto: D. Endisch*

gelspur-Dampfloks. Die Typenvielfalt reicht dabei von den imposanten Schnellzug-Dampfloks der Baureihen 01, 01.5, 03 und 03.10 über die einstmals allgegenwärtigen Güterzug-Maschinen der Baureihen 50, 50.35, 52 und 52.80 bis hin zur kleinen zweifachgekuppelten Nassdampf-Tenderlok, die einst für den Rangierdienst auf Werkbahnen genutzt wurde. Doch nur wenige Besucher eines Eisenbahn-Museums oder Fahrgäste eines Dampf-Sonderzuges wissen, welcher Aufwand heute notwendig ist, um diese historische Technik betriebsfähig zu erhalten. Grund genug, einen kleinen Blick hinter die Kulissen zu werfen.

Die Mehrzahl der in Deutschland noch betriebsfähigen regelspurigen Dampfloks werden von gemeinnützigen Vereinen eingesetzt. Deren aktive Mitglieder benötigen neben einer gehörigen Portion Enthusiasmus und Geduld auch die notwendigen finanziellen Mittel, die sie in erster Linie durch den Verkauf von Eintritts- und Fahrkarten, Mitgliedsbeiträge sowie Spenden erwirtschaften. In Einzelfällen wird die Arbeit auch durch projektbezogene Fördermittel der öffentlichen Hand oder von Stiftungen unterstützt. Einzelne Dampfloks werden auch durch professionelle Eisenbahnunternehmen unterhalten und eingesetzt. Dazu zählen beispielsweise die Eisenbahn-Bau und Betriebsgesellschaft Pressnitztalbahn mbH (PRESS) mit 01 509 und 86 333 und die Wedler Franz Logistik GmbH & Co. KG (WFL) mit 03 155 und 50 3610. Jeder Betreiber einer Dampflok weiß: Gewinne sind mit dieser historischen, personalaufwändigen Technik nicht zu erwirtschaften!

▲ *Die »Arbeitsgemeinschaft Rübelandbahn« veranstaltet mit der 95 027 an mehreren Wochenenden im Jahr Sonderfahrten auf der Steilstrecke Blankenburg (Harz)–Rübeland. Eisenbahnfreunde chartern die Maschine gelegentlich auch für Fotosonderfahrten. Dies war auch am 14. April 2017 der Fall, als diese Aufnahme bei Börnecke entstand. Foto: D. Endisch*

Die unverzichtbare Basis für den Betrieb und die Unterhaltung einer regelspurigen Dampflok ist eine funktionsfähige Infrastruktur. Dazu gehören nicht nur ein Lokschuppen und die notwendigen Gleisanlagen. Es werden auch Versorgungsanlagen (Bekohlung und Wasser), eine Werkstatt und ein Gleisanschluss zur öffentlichen Eisenbahn-Infrastruktur benötigt. Schon allein der Unterhalt dieser Infrastruktur und der Betrieb der Anschlussbahn binden viel Zeit, Arbeitskraft und Geld der Eisenbahnfreunde. Dies gilt umso mehr, wenn der Verein außerdem Betreiber einer eigenen Museumsbahn ist. Doch ohne diese Grundlage ist das eigentliche Ziel – der Einsatz einer Dampflok – kaum möglich. Wer mit seiner Maschine nicht auf einer eigenen Strecke im Einsatz ist und die Strecken der Deutschen Bahn AG (DB AG) oder anderer Eisenbahninfrastrukturunternehmen (EIU) für Sonderfahrten oder Überführungen nutzen will, muss entweder ein eigenes Eisenbahnverkehrsunternehmen (EVU) gründen oder mit einem bestehenden EVU zusammenarbeiten. Dieses übernimmt dann die notwendige Trassenbestellung und -führung, überwacht den betriebsfähigen Zustand der Fahrzeuge (Loks und Wagen) und schult bzw. bildet das Betriebspersonal aus. Dies ist nicht nur mit einem erheblichen verwaltungstechnischen Aufwand verbunden, sondern schlägt auch mit Kosten für Genehmigungen etc. zu Buche. Die ehrenamtlich tätigen Vereine unterliegen mit ihren regelspurigen Maschinen dabei den gleichen gesetzlichen Regelungen sowie technischen und betrieblichen Vorschriften wie jedes professionelle Eisenbahnunternehmen!

Dies wirkt sich auch auf den Bestand der betriebsfähigen Regelspur-Dampfloks aus. Ein gutes Beispiel dafür ist die Baureihe 50.35. Anfang der 1990er-Jahre bezeichneten viele Eisenbahnfreunde die Reko-Maschinen spöttisch als »Landplage«. Es gab ja zeitweilig bis zu 15 betriebsfähige Exemplare in Deutschland. Doch dies hat sich in den vergangenen 15 Jahren grundlegend geändert. Im Sommer 2018 sind in Deutschland nur noch 50 3501 (Dampflokwerk Meiningen), 50 3570 und 50 3682 (Historischer Lokschuppen Wittenberge), 50 3610 (WFL) und 50 3648 (Sächsisches Eisenbahn-Museum Chemnitz-Hilbersdorf) sowie die ölgefeuerte 50 0072 (Bayerisches Eisenbahn-Museum Nördlingen) betriebsfähig. Für diese Entwicklung gibt es aber auch technische und betriebliche Gründe. Die Rahmen und Triebwerke der ältesten Maschinen sind inzwischen über 75 Jahre alt. Die meisten der noch vorhandenen Loks wurden bis in die 1980er-Jahre hinein im schweren Güterzugdienst gefordert. Entsprechend hoch ist heute der Aufwand, ein solches Fahrzeug betriebsfähig zu erhalten. Werksneue Ersatzteile sind kaum noch zu beschaffen. Viele Baugruppen müssen daher mühsam aufgearbeitet oder durch einzelne Neuanfertigungen ersetzt werden. Das kostet Zeit und Geld. Eine komplette Hauptuntersuchung einer Maschine im Dampflokwerk Meiningen (DLW) ist für die meisten Vereine kaum zu finanzieren. Beispielsweise benötigt der Verein »Lausitzer Dampflokclub e.V.« nach eigenen Angaben (Stand Sommer 2018) für die Aufarbeitung seiner Schnellzuglok 03 204, die seit dem Frühjahr 2012 in Meiningen ist, noch rund 800.000 EUR, da für die Maschine ein neuer Kessel gebaut werden muss. Angesichts der stetig steigenden Kosten sind die Vereine gezwungen, möglichst viele Arbeiten mit eigenen Kräften auszuführen. Gleichwohl müssen einzelne Baugruppen, z.B. Druckbehälter, Radsätze und Bremsarmaturen, aufgrund der gültigen Vorschriften in zertifizierten Fachwerkstätten instandgesetzt werden.

▲ *Wie in alten Zeiten: Lokparade im ehemaligen Bw Chemnitz-Hilbersdorf (Aufnahme vom 29. August 2012). Foto: D. Endisch*

Daher darf es nicht verwundern, wenn manche Hauptuntersuchung einige Jahre dauert. Und wenn die Maschine dann endlich wieder betriebsfähig ist, fallen weitere Arbeitsstunden und Kosten für die vorgeschriebenen Fristarbeiten (z.B. Bremsuntersuchung) an. Es mag für Außenstehende paradox klingen – aber auch bei einem Museumsfahrzeug gibt es trotz der nur wenigen Betriebstage im Jahr einen Verschleiß. Dies gilt z.B. für die Kessel, deren Material durch das Anheizen und Erkalten ähnlichen oder unter Umständen sogar höheren Beanspruchungen ausgesetzt ist, als dies zu Zeiten des planmäßigen Dampflok-Einsatzes der Fall war.

Zudem wird es für die Betreiber historischer Schienenfahrzeuge immer schwieriger, geeignete Strecken für ihre Maschinen zu finden. Bei der Einsatzplanung für eine Lok der Baureihe 50.35 ist beispielsweise zu berücksichtigen, dass der Wasservorrat nach etwa 120 km ergänzt werden muss. Der Brennstoffverbrauch liegt bei durchschnittlich 2 t für 100 km Zugfahrt. Damit ist der Aktionsradius einer Maschine der Baureihe 50.35 zwangsläufig deutlich kleiner als jener einer Schnellzug-Maschine der Baureihen 01, 01.5, 01.10, 03 oder 03.10. Ein weiterer betrieblicher Nachteil der Baureihe 50.35 ist – das gilt u.a. auch für die Maschinen der Baureihen 44, 52, 52.80 und 86 – ihre nach heutigen Maßstäben vergleichsweise geringe Höchstgeschwindigkeit von 80 km/h. Wer also noch Reserven haben will, um z.B. eventuelle Verspätungen kompensieren zu können, muss mit Fahrplänen für 60 km/h kalkulieren. Höhere Geschwindigkeiten

▲*Pünktlich um 10.08 Uhr verließ 50 3570 im Schlepp der 298 135 der Firma Lok-Ost am 10. Dezember 2017 den Bf Pritzwalk. Der Maschinenwagen des K-Zuges aus Wittenberge diente als Begleit- und Bremsfahrzeug. Foto: D. Endisch*

sind zwar möglich, führen aber zu einem deutlich größeren Verschleiß an den Trieb- und Laufwerken der einst für den Güterzugdienst konzipierten Maschinen. Hier gilt der Grundsatz: »*Wer viel und schnell fährt, der viel schraubt!*« Doch mit einer Geschwindigkeit von 60 km/h ist es nur selten sinnvoll, regelrechte Fernsonderzüge zu planen, wenn die Fahrgäste in einer vertretbaren Zeit das Ziel erreichen sollen. Erschwerend kommt hinzu, dass mit der Modernisierung des Streckennetzes bei der DB AG die Zahl der Betriebsstellen, die für Zugkreuzungen oder Überholungen genutzt werden können, deutlich kleiner geworden ist. An den Zielorten gibt es kaum noch Drehscheiben, auf denen eine Dampflok gewendet werden kann. Drehfahrten sind im Übrigen nicht überall möglich und schlagen mit zusätzlichen Trassenkosten zu Buche. Auch Untersuchungsgruben, die z.B. zum Abölen der Achslager benötigt werden, sucht man vielerorts vergebens. Von Wasserkränen und Anlagen zum Bekohlen ganz zu schweigen. Alles Gründe, die den Einsatz einer Dampflok zusätzlich erschweren. Doch es gibt noch immer Enthusiasten, die sich von solchen Widrigkeiten nicht entmutigen lassen und sich mit Leib und Seele der Dampflok widmen, wie die folgende Episode zeigt.

8.1 Zur URD nach Neustrelitz

In regelmäßigen Intervallen müssen die Radsätze von Lokomotiven und Wagen überprüft und vermessen werden. Dabei werden nicht nur Dicke, Breite und Höhe des Spurkranzes ermittelt, sondern auch das so genannte qR-Maß. Dieses so genannte Stirnflanken-Quermaß gibt die Steilheit der Flanken des Spurkranzes am Eisenbahnrad an. Das Grenzmaß für das qR-Maß beträgt gemäß der Eisenbahn-Bau- und Betriebsordnung (EBO) 6,5 mm. Erreicht der Spurkranz diesen Wert, bezeichnen Eisenbahner umgangssprachlich den Radsatz als »scharf« gelaufen. Ist die Flanke des Spurkranzes steiler als 6,5 mm, besteht die Gefahr, dass beispielsweise Weichen aufgefahren werden können und das Fahrzeug entgleist. Das richtige qR-Maß wird durch Abdrehen des Radreifens wiederhergestellt.
Auch die Radreifen der Museumsfahrzeuge unterliegen einem Verschleiß. Dieser ist zwar aufgrund der geringeren Laufleistungen deutlich kleiner, doch nicht zu vermeiden. Im Sommer 2017 stellten die Eisenbahnfreunde des Historischen Lokschuppens Wittenberge fest: Das qR-Maß ihrer 50 3570 muss berichtigt werden, wenn sie die Maschine noch längere Zeit betriebsfähig erhalten wollen.

▲ *Geschafft – am Morgen des 11. Dezember 2017 stand 50 3570 auf der Unterflur-Radsatzdrehmaschine im Bahnwerk Neustrelitz. Das Abdrehen der Radsätze konnte beginnen.* *Foto: D. Endisch*

In vielen Bahnbetriebs- und Ausbesserungswerken wurden die Fahrzeuge früher mit Hilfe von entsprechenden Hubwerken ausgeachst oder die Radsätze einzeln mit Hilfe von Achssenken ausgebaut und dann auf einer Radsatzdrehbank bearbeitet. Doch diese Technologie erwies sich Ende der 1950er-Jahre mit dem fortschreitenden Einsatz moderner Diesel- und Elektroloks als unwirtschaftlich. Der Aus- und Einbau sowie der oftmals notwendige Transport der Radsätze in eine andere Werkstatt führten zu unvertretbar langen Ausfallzeiten bei den Maschinen. Abhilfe schaffte die Unterflur-Radsatzdrehmaschine (URD). Bei dieser können die Radsätze im eingebauten Zustand neu profiliert werden. Die URD verfügt über ein durchgehendes Gleis mit meist seitlich ausschwenkbaren Schienenstücken. Der Radsatz wird auf der Drehbank ausgerichtet und angehoben. Reibrollen treiben den Radsatz während des Drehvorgangs an. Heutige, moderne Unterflur-Radsatzdrehmaschinen ermöglichen neben der Profilbearbeitung auch das Abdrehen von Bremsscheiben.

Diese Technik erfordert bis heute zwar hohe Investitionen, aber diese amortisieren sich aufgrund der schnelleren Instandsetzung der Fahrzeuge in recht kurzer Zeit. Die Deutsche Reichsbahn (DR) in der DDR erkannte dieses Rationalisierungspotenzial und erwarb für Devisen von der in Erkelenz ansässigen Firma Hegenscheidt die erste URD. Die zuvor auf der Leipziger Messe ausgestellte Maschine wurde 1967 im Bw Erfurt G in Betrieb genommen. Auf dieser Drehbank konnten Radsätze bis zu einem Durchmesser von 1.600 mm bearbeitet werden. Damit sich die Investition schnell amortisierte, arbeitete die URD in Erfurt

▲ *Zuerst wurde der Radreifen der vorderen Laufachse neu profiliert, dann folgte die erste Kuppelachse. Neben der Laufachse und den fünf Kuppelachsen wurden auch die vier Tenderachsen abgedreht. Foto: D. Endisch*

im Drei-Schicht-Betrieb. Hier wurden in den ersten Jahren auch die Radreifen von Dampfloks abgedreht. Da sich die Technik bestens bewährte, beschaffte die DR in der Folgezeit weitere Unterflur-Radsatzdrehmaschinen, die u.a. in Dresden-Friedrichstadt, Leipzig-Engelsdorf, Neustrelitz und Seddin aufgestellt wurden. Hier wurden aber nur die Radreifen von Diesel- und Elektroloks bearbeitet. Die Dienststellen setzten nicht nur die eigenen Triebfahrzeuge, sondern auch Maschinen anderer Bahnbetriebswerke instand. Bei exakter Vorplanung waren die Triebfahrzeuge meist nur einen oder maximal zwei Tage auf der »URD«, wie es im Sprachgebrauch der Eisenbahner hieß. Das Abdrehen eines Radsatzes dauerte etwa eine Stunde ohne die notwendigen Vor- und Nacharbeiten. Bei den Dampfloks griff die DR hingegen weiterhin auf die althergebrachte Technologie – Ausbauen, Abdrehen und Wiedereinbauen des Radsatzes – zurück. Dies schied jedoch für die Dampflokfreunde in Wittenberge aufgrund der fehlenden Hebetechnik aus. 50 3570 musste daher auf die URD. Bei dieser Gelegenheit konnte auch eine Flachstelle in einer Tenderachse beseitigt werden.

Eine entsprechende Unterflur-Radsatzdrehmaschine, auf der die 1.400 mm großen Kuppelachsen der Baureihe 50.35 profiliert werden konnten, war schnell gefunden – das Bahnwerk Neustrelitz der NETINERA Deutschland GmbH (ex Bw Neustrielitz). Der Kostenvoranschlag aus Mecklenburg war für die Vereinsmitglieder finanzierbar, doch die Umsetzung des Vorhabens war mit einigen Auflagen verbunden. Das zur Verfügung stehende Zeitfenster war aufgrund der Auslastung der URD in Neustrelitz begrenzt. Bis Ende Dezember 2017 musste das Neuprofilieren abgeschlossen sein. Die Überführung der 50 3570 mit eigener Kraft war nicht möglich, da die Maschine nur im kalten Zustand in die URD-Halle gefahren werden konnte. Außerdem waren vorher die Treib- und Kuppelstangen sowie die Sandfallrohre abzubauen, damit die Achsen abgedreht werden konnten.

Da die zulässige Höchstgeschwindigkeit für die Überführung kalter Dampflokomotiven ohne Stangen auf lediglich 30 km/h begrenzt ist, war klar: Für die Hin- und Rückfahrt war jeweils ein Tag notwendig. Die einzig mögliche Fahrtroute führte von Wittenberge durch die Prignitz über Perleberg, Pritzwalk und Meyenburg ins mecklenburgische Karow. Hier musste kopfgemacht werden, bevor es über Malchow nach Waren (Müritz) und von dort auf der Hauptbahn nach Neustrelitz weitergehen konnte. Nun galt es, die notwendige Maschine und das erforderliche Personal zu finden. Die Firma Lokführerdienstleistungen Olof Stille (Lok-Ost) erklärte sich sofort bereit, ihre Diesellok 298 135 zur Verfügung zu stellen. Als Lokführer konnte ein Mitarbeiter der Salzland Rail Service GmbH gewonnen werden. Die Dienstposten »Lotse« und »Fahrzeugbegleiter für 50 3570« waren schnell mit Vereinsmitgliedern besetzt.

Nachdem der Termin feststand und der Kostenrahmen für die URD sowie die Überführung abgeklärt waren, musste noch eine Trasse bestellt werden. Dies übernahm die Tourismus und Warnetalbahn GmbH. Beim Erstellen der Fahrpläne spielte aber nicht nur die auf 30 km/h beschränkte Geschwindigkeit eine erhebliche Rolle. Auf den Abschnitten Wittenberge–Perleberg–Pritzwalk–Meyenburg und Malchow–Waren (Müritz)–Neustrelitz musste der Zug in den regulären Personenverkehr eingefädelt werden. Während die Fahrpläne bei der DB Netz AG und der Regio Infra Nord-Ost GmbH & Co. KG als Betreiber des Abschnitts Pritzwalk–Karow–Waren (Müritz) bearbeitet wurden, richteten die Vereinsmitglieder in mehreren Arbeitseinsätzen 50 3570 transportfertig her. Nach dem Abbau der Stangen wurden die Kreuzköpfe fixiert, die Kuppelzapfen gegen Feuchtigkeit verpackt, die Sandfallrohre abgebaut sowie der Schornstein und die Kesselarmaturen abgedeckt. Einen Tag vor der Abfahrt mussten der Bremsschlauch verlegt und der Kessel mit Wasser gefüllt werden, damit sich die Rauch- und Heizrohre nicht durch die Fahrtschwingungen aus den Rohrwänden lösen.

Die Fahrpläne lagen schließlich am 5. Dezember 2017 vor. Es konnte also losgehen! 298 135 traf drei Tage später in Wittenberge ein. Am 9. Dezember 2017 wurde der Zug zusammengestellt. Als Begleit- und Bremsfahrzeug für die Überführung diente der Maschinenwagen des im Historischen Lokschuppen Wittenberge betreuten Katastrophenzuges. Tags darauf verließ die Überführungsfahrt als DbZ 91829 pünktlich um 8.03 Uhr den Bahnhof Wittenberge. Mit 30 km/h rollte der 180 t schwere und 64 m lange Zug gemächlich durch die Prignitz. Nach einem ersten Lagerkontrollhalt in Pritzwalk ging es weiter nach Karow (Mecklenburg). Das Kopfmachen hier war mit einigen Rangiermanövern verbunden, da der Maschinenwagen wieder an das Zugende gesetzt werden musste. Nach gut 20 Minuten verließ 298 135 mit ihrem ungewöhnlichen Zug den Bahnhof. Nach insgesamt acht Stunden war das Ziel Neustrelitz erreicht.

▲ *Zwei kleine Reibrollen treiben den Radsatz während des Drehvorgangs an. Langsam hebt der unten angeordnete Drehmeißel den Span vom Radreifen ab.* *Foto: D. Endisch*

Am nächsten Vormittag stand 50 3570 endlich auf der Unterflur-Radsatzdrehmaschine und die Radreifen konnten neu profiliert werden. Die Rückfahrt erfolgte wie geplant am Morgen des 12. Dezember 2017. Es vergingen wieder gut acht Stunden, bevor der heimatliche Lokschuppen in Wittenberge erreicht war. Alles hat geklappt, doch damit waren die Arbeiten an der 50 3570 noch lange nicht beendet. Es waren noch mehrere Arbeitseinsätze notwendig, bevor 50 3570 zum Saisonbeginn am 5. und 6. Mai 2018 wieder mit eigener Kraft aus dem Lokschuppen in Wittenberge fahren konnte.

9. Glossar

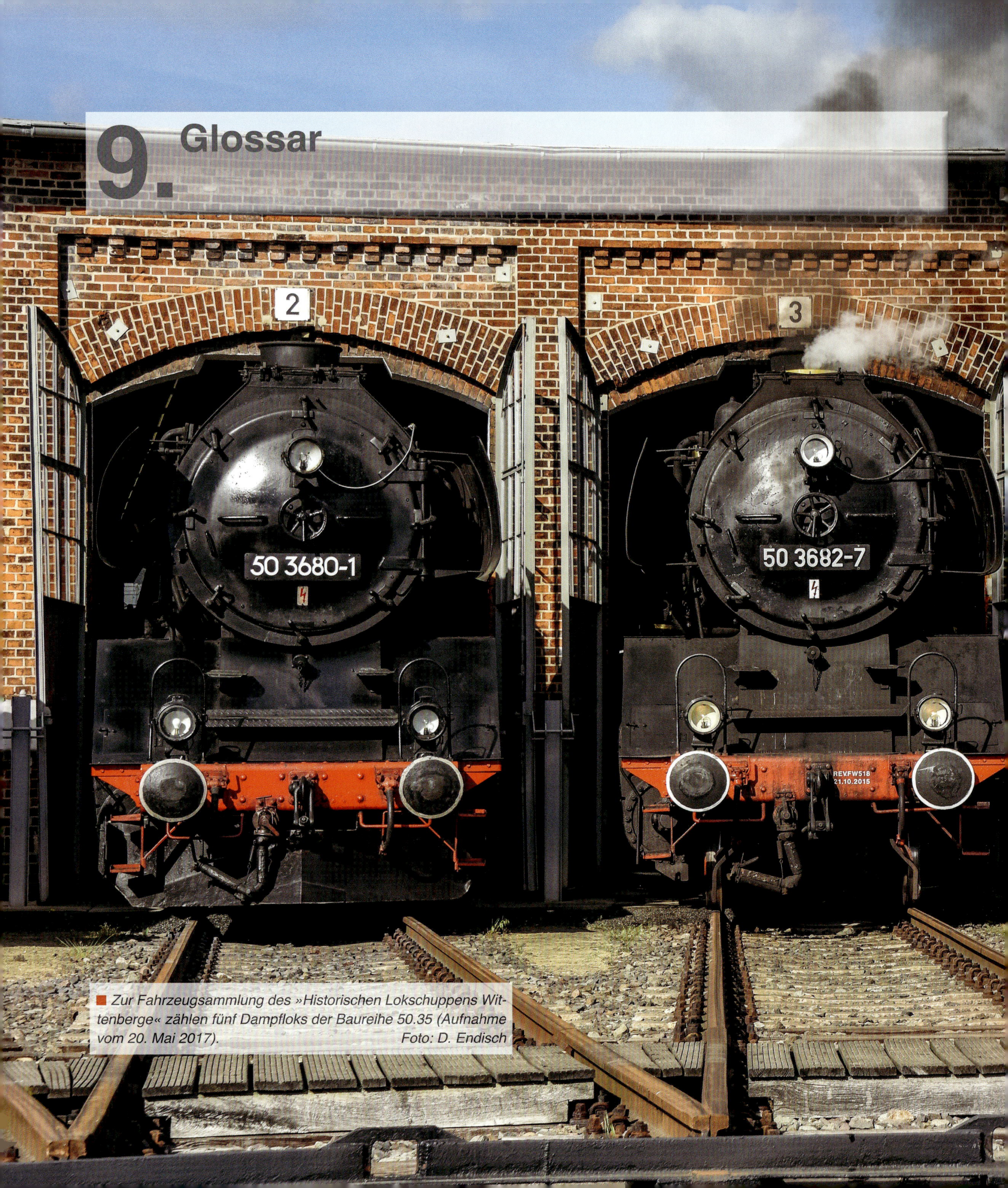

Zur Fahrzeugsammlung des »Historischen Lokschuppens Wittenberge« zählen fünf Dampfloks der Baureihe 50.35 (Aufnahme vom 20. Mai 2017). Foto: D. Endisch

4
5
50 3570-4
50 3545-6

A

Ackermann-Ventil: → Kesselsicherheitsventil

Adamsachse: Die einachsige, seitenverschiebbare Laufachse liegt in einem Rahmen aus Stahlguss, der die beiden Achslager fest miteinander verbindet. Die kreisförmige Verbindung zwischen Achslagergehäuse und Rahmen zwingt die Laufachse, sich in der Kurve radial einzustellen. Der fehlende Drehzapfen ist charakteristisch für die Adamsachse. Angüsse am Gehäuse begrenzen das Seitenspiel der Achse. Als Rückstellvorrichtungen dienten zunächst Blattfedern, die später durch Druckstangen und Schraubenfedern ersetzt wurden. Aufgrund des relativ geringen Platzbedarfs und der umstrittenen Führungseigenschaften wurde die Adamsachse meist nur als hintere Laufachse (so z.B. bei den Baureihen 01, 01.5, 01.10, 03, 03.10, 22 und 39.0–2) verwendet.

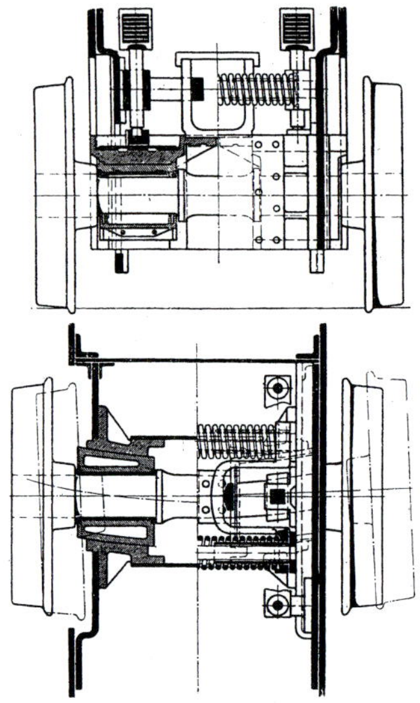

▲ *Schnitt durch eine Adamsachse Abb.: Slg. D. Endisch*

Allan-Steuerung: Die 1854 von Alexander Allan (1809–1891) entwickelte Steuerung kombiniert die Stephenson- und die Gooch-Steuerung. Auf der Treibachse sitzen jeweils eine Hubscheibe für die Vorwärts- und die Rückwärtsfahrt, die durch Schwingenstangen mit der gebogenen Schwinge, in diesem Fall auch »Kulisse« genannt, verbunden sind. Die Schieberstange ist mittels eines Gleitstückes, »Schwingenstein« genannt, mit der Kulisse verbunden. Bei der Stephenson-Steuerung wird die Schwinge zur Veränderung der Füllungen bewegt. Im Gegensatz dazu ist bei der Gooch-Steuerung die Kulisse zur entgegengesetzten Seite, also in Richtung Schieberkasten, gebogen. Außerdem wird hier die Schieberstange zur Änderung der Füllungen gesenkt bzw. gehoben. Allan verwendete hingegen eine gerade Schwinge und ordnete Schwinge und Schieberstange beweglich an; beide werden zur Änderung der Füllungen verstellt. Die Allan-Steuerung war durch ihre gerade Schwinge preiswerter in der Herstellung und durch die geringere Bewegung der einzelnen Teile genauer in der Dampfverteilung. Zunächst wurde sie bevorzugt als Innensteuerung genutzt.

▲ *Allan-Steuerung* *Foto: D. Endisch*

Anfahrvorrichtung: Die ersten Verbund-Maschinen besaßen nur zwei Zylinder. Sie mussten mit einer Anfahrvorrichtung ausgerüstet werden, da beim Anfahren nur das Hochdruck-Triebwerk Dampf erhielt, die Lok sich aber nicht mit einem Zylinder in Bewegung setzen konnte, vor allem, wenn dieser in der → Totpunktlage war. Die Anfahrvorrichtung sorgte dafür, dass → Hoch- und → Niederdruckzylinder Frischdampf erhielten. Nach dem Anfahren stellte die Anfahrvorrichtung automatisch wieder auf Verbund-Betrieb um. Positiver Nebeneffekt: Durch die einfache Dampfdehnung war eine höhere Anfahrzugkraft möglich. Auch Vierzylinder-Verbundmaschinen erhielten eine Anfahrvorrichtung.

Aschkasten: Der Aschkasten sitzt unterhalb des → Rostes und fängt die durch die Rostspalten fallende Asche und Schlacke auf. Je nach Bauart der Lok ist der Aschkasten entweder zwischen den Rahmenwangen eingezogen oder über die Rahmenwangen gezogen. Den Boden des Aschkastens bilden bewegliche Klappen, die meist vom Führerstand aus bedient und verriegelt werden können. Ältere Aschkästen wurden genietet, heute werden sie geschweißt. Der Aschkasten besitzt außerdem die Luftklappen zum Ansaugen der Verbrennungsluft. Schutzgitter verhindern das Herausfallen von glühenden Kohleteilchen, die mit einer Aschkastenspritze gelöscht werden können. Die meisten Aschkästen sind am Bodenring des Kessels befestigt. Die Aschkästen der Bauart Stühren, mit denen die Deutsche Reichsbahn (DR) ihre Neubau- und Rekoloks ausrüstete, sind dagegen am Rahmen befestigt. Dadurch konnten seitliche Luftklappen zwischen Bodenring und Aschkasten eingebaut werden, was die Zufuhr der Verbrennungsluft deutlich verbesserte.

▲ *Der Aschkasten der Schnellzug-Dampflok 01 519: Typisch für den Aschkasten der Bauart Stühren sind die seitlichen Luftklappen, die die Zufuhr von Verbrennungsluft deutlich verbessern.*
Foto: D. Endisch

▲ *Die als Museumsstück erhaltene 99 4644 besitzt einen Außenrahmen. Am 4. Juni 2011 steht die Maschine in Mesendorf.*
Foto: D. Endisch

Ausgleichhebel: Sie stellen die Verbindung zwischen den einzelnen → Tragfedern her und fassen die Federn der Radsätze zu Gruppen zusammen. Die Ausgleichhebel sind meist innerhalb des Rahmens in einem festen Drehpunkt gelagert. Durch das Zusammenspiel der einzelnen Tragfedern können Stöße etc. besser abgefangen und die Laufeigenschaften der Lok verbessert werden. Entsprechend der Anzahl der Federgruppen unterscheidet man eine Dreipunkt-, Vierpunkt- oder Sechspunktabstützung. Die Ausgleichhebel der Güterzugloks der Baureihen 41 und 45 besaßen Bolzen, durch deren Umstecken die Federspannkräfte und damit die Achsfahrmasse zwischen den Kuppel- und Laufachsen verändert werden konnte.

Ausströmrohr: Nach dem der Dampf im Zylinder entspannt wurde, gelangt er über den Ausströmkasten des → Schieberkastens in das Ausströmrohr. Die Ausströmrohre laufen kurz vor dem → Blasrohr, im so genannten Hosenrohr, zusammen.

Außenrahmen: Der Außenrahmen ist eine Sonderform des → Blechrahmens, bei dem die Radsätze innerhalb der Rahmenwangen liegen. Durch die weiter auseinander liegenden Achslager konnten zwar bessere Laufeigenschaften erreicht werden, doch die Nachteile waren erheblich. Beispielsweise konnte der Rahmen nur schwer versteift werden, die Unterhaltung der Radsätze war schwerer und für das Triebwerk waren spezielle Gegenkurbeln (Hall´sche Kurbeln) notwendig. Aus diesen Gründen wurde der Außenrahmen in Deutschland nur bei wenigen Maschinen (z.B. 99 4532, 99 4641 und 99 4644) mit speziellen Laufwerken (z.B. → Klien-Lindner Hohlachsen) oder mit sehr schmalen Spurweiten verwendet. Auch bei Drehgestellen wurde der Außenrahmen aus Platzgründen genutzt (z.B. bei den Baureihe 65.10 und 83.10).

äußere Einströmung: → Einströmung

äußere Steuerung: → Steuerung

B

Barrenrahmen: Obwohl der englische Lokomotivkonstrukteur Edward Bury (22.10.1794–25.11.1858) bereits Mitte des 19. Jahrhunderts den Barrenrahmen entwickelt hatte, vergingen noch rund 50 Jahre, bis sich seine Erfindung zuerst im US-amerikanischen Lokomotivbau durchsetzte. Im Unterschied zum → Blechrahmen besteht der Barrenrahmen aus 70 bis 100 mm starken, gewalzten Stahlplatten, aus denen die Rahmenwangen ausgeschnitten werden. Die Rahmenwangen werden dann zusammengeschraubt. Der Barrenrahmen konnte aufgrund seiner höheren Stabilität deutlich niedriger als der → Blechrahmen ausgeführt werden. Dadurch waren die Innentriebwerke von außen leichter erreichbar. Den ersten deutschen Barrenrahmen baute die Lokfabrik Maffei 1903. Die Deutsche Reichsbahn-Gesellschaft (DRG) rüstete fast alle ihre Einheitslokomotiven mit einem Barrenrahmen aus. Aus Kosten- und Fertigungsgründen gingen die DB und die DR nach dem Zweiten Weltkrieg wieder zum Blechrahmen über. In den USA wurden die Barrenrahmen später gegossen.

▲ *Typisch für den Barrenrahmen sind die Ausschnitte in den Rahmenwangen, wie hier bei der ehemaligen 50 0047-6 (Meiningen, April 2002). Es gibt aber auch Barrenrahmen, wo diese Ausschnitte fehlen. Diese werden dann als »unbearbeitete Barrenrahmen« bezeichnet.* *Foto: D. Endisch*

Beugniot-Hebel: Jean Gaspard Èdouard Beugniot (12.02.1822–25.10.1878) entwickelte 1863 für einen Sechskuppler den nach ihm benannten Verbindungshebel. Er verband die erste und dritte sowie die vierte und sechste Achse durch jeweils eine waagerechte Deichsel. Die Deichsel war in der Mitte an einem Drehzapfen im Rahmen beweglich gelagert. Dadurch konnten die Spurkranzkräfte gleichmäßig verteilt und die Laufeigenschaften von Maschinen ohne Laufachsen deutlich verbessert werden. In Deutschland konnte sich der Beugniot-Hebel nicht durchsetzen. Zu den wenigen Dampflokomotiven mit Beugniot-Hebeln gehörte die Baureihe 82 der DB.

Bissel-Achse: Zu den ältesten beweglichen Laufachsen gehört die Bissel-Achse. Bereits 1857 ließ sich der Amerikaner Levi Bissel (1800–05.08.1873) seine Erfindung patentieren. Die Laufachse lagert in einem Deichselgestell, das seitlich ausschwenken kann. Rückstellvorrichtungen brachten die Bissel-Achse wieder in die Mittellage. Bei Kurvenfahrten übernahm die Bissel-Achse einen Teil der Führung. Die Bissel-Achse war zwar preiswert in der Herstellung und Wartung, lauftechnisch vermochte sie jedoch im Vergleich zum ➞ Krauss-Helmholtz-Lenkgestell nicht zu überzeugen. Geschobene Bissel-Achsen wichen im geraden Gleis relativ leicht von der Mittellage ab und neigten dadurch zum Pendeln.

Blasrohr: Durch das Blasrohr, das meist auf dem Boden der Rauchkammer exakt unter dem Schornstein sitzt, entweicht der Zylinderabdampf mit Überdruck. Die Mündung des Blasrohrs und der Schornstein müssen sehr genau aufeinander abgestimmt werden, damit der Abdampfkegel den Schornstein voll ausfüllt und so der für das Ansaugen der Verbrennungsluft notwendige Unterdruck in der ➞ Rauchkammer erzeugt wird. Der ausströmende Dampf reißt dabei die Rauchgase mit. Steigt der Dampfverbrauch, so entsteht auch ein höherer Unterdruck, der wiederum mehr Verbrennungsluft ansaugt. Das System reguliert sich dadurch von selbst. Eine Sonderbauart des Blasrohres ist der ➞ Giesl-Flachejektor.

Blechrahmen: Wie der Name schon sagt, besteht der Blechrahmen aus einzelnen Blechen, die entweder miteinander vernietet, verschweißt oder auch verschraubt werden. Da die Bleche mit 25 bis 40 mm deutlich schwächer als die Wangen des ➞ Barrenrahmens sind, sind Blechrahmen wesentlich höher. Das früher auch als »Plattenrahmen« bezeichnete Bauteil ist jedoch in der Fertigung preiswerter und kann schneller hergestellt werden.

Bosch-Schmierpumpe (Bosch-Öler): Für die Schmierung der unter Dampf gehenden Schieber und Kolben entwickelte die Firma Bosch Anfang des 20. Jahrhunderts eine Hochdruckschmierpumpe, die meist auf der linken Seite des Führerstands sitzt und über ein Hebelgestänge angetrieben wird. Das Schmiermittel gelangt aus dem Vorratsbehälter (7,5 Liter) über Ölleitungen zu den Schmierstellen. Mit Hilfe des so genannten Tropfenanzeigers, der später entfiel, kann kontrolliert werden, ob alle Ölleitungen mit Schmier-

▲ *Das Dampflokwerk Meiningen baute im Jahr 2008 einen neuen, geschweißten Blechrahmen für eine vierte Maschine der Baureihe 99.23 (Aufnahme vom 7. September 2008).* *Foto: D. Endisch*

mittel versorgt werden. Durch Flügelmuttern kann die Fördermenge dosiert werden.

C

Cardo-Wasserstand: → Wasserstandsanzeiger

Coale-Ventil: → Kesselsicherheitsventil

D

Dampfdom: Auf dem Scheitel des → Langkessels sitzt der Dampfdom. Der runde Aufbau nimmt meist den → Regler auf. Maschinen mit Heißdampfregler haben nur einen Entnahmestutzen mit einem Sperrschieber. Links und rechts des Dampfdoms sind meist Entnahmestutzen für Hilfsbetriebe (Luftpumpe etc.) und die Dampfpfeife montiert.

Dampfkolben: Der Dampfkolben sitzt im → Zylinder. Der Kolben nimmt die Dampfkraft auf, wandelt sie in eine waagerechte Bewegung um und überträgt sie mit Hilfe der Kolbenstange auf den Kreuzkopf. Der sehr feste Dampfkolben muss jedoch relativ leicht sein. Der äußere, verstärkte Umfang des Kolbens nimmt die Kolbenringe auf, die zur Abdichtung gegen die Zylinderwand dienen. Die Aufnahme der geschmiedeten Kolbenstange in der Mitte des Dampfkolbens ist ebenfalls verstärkt. Während ältere Maschinen Kolben mit einem u-förmigen Querschnitt, der so genannten schwedischen Bauform, besitzen, ging die DRG zum z-förmigen Querschnitt über. Kolben bestehen entweder aus Schmiede- oder Gussstahl.

▲ *Kolben und Kolbenstange: Deutlich sind die Rillen für die Kolbenringe zu erkennen.* *Foto: D. Endisch*

▲ *An einigen Dampfdomen, wie hier bei 03 2295-8, sind direkt die Entnahmestutzen für die Hilfsbetriebe angeflanscht.* *Foto: D. Endisch*

Dampfsammelkasten: Der Dampfsammelkasten ist ein Bauteil des → Überhitzers und besteht aus einer Nassdampf- und einer Heißdampfkammer. Er sitzt auf seitlichen Konsolen, oben vor der Rauchkammerrohrwand. An den Dampfsammelkasten sind die Überhitzerelemente angeschlossen. Bei geöffnetem Regler strömt der Dampf durch das Reglerknierohr und das Reglerrohr in die Nassdampfkammer. Dort wird der Dampf auf die einzelnen Überhitzerelemente verteilt, wo er auf ca. 350 bis 400° C erwärmt wird. Anschließend strömt der Dampf in die Heißdampfkammer und von dort über die angeflanschten → Einströmrohre in die Zylinder.

Dampfstrahlpumpe: Die Dampfstrahlpumpe, auch als »Injektor« bezeichnet, dient zur Kesselspeisung. Prinzipiell werden zwei Bauarten unterschieden: Bei nichtsaugenden Strahlpumpen fließt das Wasser aufgrund die Schwerkraft zum Injektor, der unterhalb des Wasserkastens liegen muss und damit im Winter leicht einfrieren kann. Die saugende Strahlpumpe holt sich das Wasser selbst. Sie war in Deutschland die vorherrschende Bauart. Die saugende Strahlpumpe, nach ihrem Hersteller, der Carl Louis Strube AG in Magdeburg-Buckau, auch »Strube-Pumpe« genannt, besteht im Wesentlichen aus der Dampf-, der Saug- und der Schlabberkammer. Beim Anstellen der Strahlpumpe erzeugt ein Dampfstrahl in der Wasserkammer durch Kondensation einen Unterdruck, durch den das Wasser angesaugt wird. Dann vermischen sich Wasser und Dampf und gelangen über die Speiseleitung und das → Speiseventil in den Kessel. Da die saugende Strahlpumpe meist in der Nähe des → Stehkessels angebracht ist, ist sie frostgeschützt. Zwar arbeitet die Strahlpumpe weitgehend verschleißfrei, bei hochsommerlichen Temperaturen (über 30° C) kann es jedoch zu Problemen kommen, da die Pumpe nur kaltes Wasser ansaugt. Wasser mit einer Temperatur von mehr als 50° C kann sie nicht ansaugen, da durch fehlende Kondensation kein Unterdruck mehr erzeugt werden kann.

Dampfzylinder: Der wichtigste Teil des Zylinderblocks ist der Dampfzylinder, der meist unterhalb des → Schieberkastens sitzt. Die Dampfzylinder bestehen überwiegend aus Gusseisen. Bereits in den 1930er-Jahren experimentierte die DRG mit geschweißten Zylindern. Das Raw Meiningen griff diese Technologie in den 1950er-Jahren wieder auf und perfektionierte sie. Die aus gewalzten Blechen gefertigten Zylinder sind in der Herstellung deutlich preiswerter, weil man keine Gussmodelle benötigt. Außerdem können später eventuelle Schäden geschweißt werden. Der Zylinderblock ist mittels Passschrauben, Winkelleisten und Passstücken mit dem Rahmen verbunden. Die Laufbuchse für den → Dampfkolben ist geschliffen und an den Enden leicht aufgeweitet, was den Einbau des Kolbens erleichtert.

De Limon-Öler: Zu den ältesten Zentralschmierungen gehört der De Limon-Öler. Die Hochdruck-Schmierpumpe besaß vier bis sechs Anschlüsse für die Schmierung der Zylinder- und Schieberbuchsen. Jeder Anschluss hatte eine eigene Ölkammer mit Ölstandsglas, Umschalthahn, Pumpenelement und Einstellvorrichtung für die zu fördernde Ölmenge. Die Pumpe wurde über ein Hebelgestänge angetrieben. Die Länderbahnen nutzten den De Limon-Öler, der bereits in den 1920er-Jahren durch die → Michalk- und die → Bosch-Schmierpumpe ersetzt wurde.
Der De Limon-Öler wird oft mit der De Limon-Fluhme-Pumpe verwechselt. Dieser so genannte Sichtöler saß meist im Führerhaus auf der Reglerstopfbuchse. Das Öl wurde mit einem Dampfstrahl vermischt, der es in die → Schieberkästen und → Dampfzylinder brachte. Allerdings erwies sich die De Limon-Fluhme-Pumpe als wenig effektiv, da der Dampf das Öl häufig zersetzte und damit die Schmierfähigkeit verringerte.

▲ *Blick auf einen Zylinderblock: Oben ist der Schieberkasten und unten der Dampfzylinder zu sehen.* *Foto: D. Endisch*

Dienstmasse: Die Dienstmasse einer Dampflokomotive ist ihr Gesamtgewicht mit 2/3 aller Vorräte. Das Dienstgewicht wird in Tonnen angegeben und steht am Tender.
DK-Schmierpresse: Die Versorgung der → Luft- und → Speisepumpe mit dem notwendigen Schmiermittel übernehmen in erster Linie DK-Schmierpressen. Die richtig als »DK-Schmierpumpe de Limon« bezeichneten Bauteile sitzen auf dem oberen Deckel der Luft- und Speisepumpen. Der Dampfkolben treibt die Pumpen über eine Hubspindel an. Die DK-Schmierpresse gibt es in Ausführungen mit zwei, drei und fünf Schmierstellen. Die Schmierpressen für Luftpumpen besitzen zwei getrennte Kammern für das Nassdampf- und Kompressorenöl.

Doppelverbund-Luftpumpe: Die DRG rüstete ihre neuen Einheitslokomotiven meist mit der Doppelverbund-Luftpumpe der Bauart Nielebock-Knorr aus. Sie gehört bis heute zu den sichersten und leistungsfähigsten Luftpumpen. Der Dampf wird in einem Hoch- und in einem Niederdruckzylinder im Verbundverfahren genutzt. Die Luft wird im größeren Niederdruckluftkolben angesaugt und mit rund 2 kp/cm^2 in den kleineren Hochdruckkolben gepumpt. Dort wird die Luft dann auf 8 kp/cm^2 verdichtet und in die ➞ Hauptluftbehälter gepumpt. Die von der Verbund-Speisepumpe der Bauart Nielebock-Knorr übernommene Steuerung wurde ab Ende der 1930er-Jahren durch die einfachere Peterssteuerung ersetzt, mit der eine Förderleistung von 3.100 Litern Luft pro Minute möglich war. Während die DR an der Doppelverbund-Luftpumpe festhielt, rüstete die DB ihre Dampflokomotiven ab den 1950er-Jahren mit der zweistufigen Schnellhub-Luftpumpe der Bauart Wülfel ein.

▲ *Doppelverbund-Luftpumpe: Der untere Luftteil ist an den Kühlrippen zu erkennen.* *Foto: D. Endisch*

Druckausgleicher: Bei der Fahrt im Leerlauf entsteht auf der Saugseite des Zylinders im Kolben ein Unterdruck, der die Maschine abbremst. Außerdem können durch den Unterdruck über das Blasrohr Lösche und Rauchgase angesaugt werden, was zu schweren Schäden am Zylinder führen kann. Druckausgleicher sind Luftsaugeventile, die der Lokführer beim Schließen des Reglers öffnet. Dadurch gelangt Frischluft in die Zylinder. Die Druckausgleicher sind entweder am Einströmrohr oder am Schieberkasten befestigt.

Die DRG entwickelte für ihre Einheitsloks den Druckausgleicher mit Eckventilen. Dieser verband die beiden Arbeitsräume des Zylinders mit einer Leitung, über die im Leerlauf der Kolben die Luftmassen hin und her bewegen konnte. Weiterhin gab es selbsttätige Druckausgleicher, wie die der Bauart Winterthur, mit denen u.a. die Baureihen 42 und 52

▲ *Auf dem Zylinderblock ist der Winterthur-Druckausgleicher montiert. Schließt der Lokführer den Regler, fällt der Ventilteller in die Ausbuchtung unterhalb der u-förmigen Verbindung.* *Foto: D. Endisch*

ausgerüstet waren. In der Mitte der Verbindungsleitung saß ein Ventilteller, der bei geschlossenem Regler nach unten fiel und so die Luftzirkulation ermöglichte. Allerdings überzeugten die Leerlaufeigenschaften der mit Druckausgleichern ausgerüsteten Loks nie.

Druckausgleich-Kolbenschieber: Anfang der 1920er-Jahre suchten Ingenieure nach Möglichkeiten, wie die Leerlaufeigenschaften der Dampflokomotiven verbessert werden könnten. Sie versuchten, die → Kolbenschieber und die → Druckausgleicher miteinander zu kombinieren. Karl Schulz (11.12.1870–15.12.1943) entwickelte 1922/23 den ersten in Deutschland genutzten Druckausgleich-Kolbenschieber. Jeder Schieberkörper bestand aus einem

▲ *Druckausgleich-Kolbenschieber der Bauart Trofimoff: Rechts sind deutlich die Stützplatte und der bewegliche Schieberkörper zu erkennen. Foto: D. Endisch*

fest auf der Schieberstange montierten Teil und einem beweglichen inneren Teil. Beide bildeten eine runde Kammer, in deren Mitte eine Schraubenfeder lag. Schloss der Lokführer den Regler, so drückte die Feder den beweglichen Schieberkörper in die Mitte und die Dampfkanäle blieben offen. Bei einer Füllung von 60 Prozent entstand der beste Druckausgleich. Ab 1928 rüstete die DRG ihre Einheitsloks mit diesem Druckausgleich-Kolbenschieber aus, der nach dem Inhaber der Patentrechte, der Nicolai-Kolbenschieber GmbH, »Nicolai-Schieber« genannt wurde. Nach der Arisierung des Unternehmens 1936 wurden die Schieber als »Karl-Schulz-Schieber« bezeichnet. Im Gegensatz zu den anderen Druckausgleich-Kolbenschiebern öffnen sich die Karl-Schulz-Schieber bei einem → Wasserschlag selbsttätig. Dadurch können meist größere Schäden am Triebwerk verhindert werden.

Franz Müller (1873–1938) ging hingegen einen anderen Weg. Er behielt die festen, ungeteilten Schieberkörper bei, die aber mit einem tellerförmigen Druckausgleichventil ausgerüstet waren. Bei geschlossenem Regler öffneten sich die Ventile und ermöglichten einen Druckausgleich. Die DB rüstete zahlreiche Dampfloks mit Müller-Schiebern aus. Bei der DR konnten sich diese Schieber hingegen nicht durchsetzen, da sich die Tellerventile bei großen Schieberdurchmessern leicht verzogen.

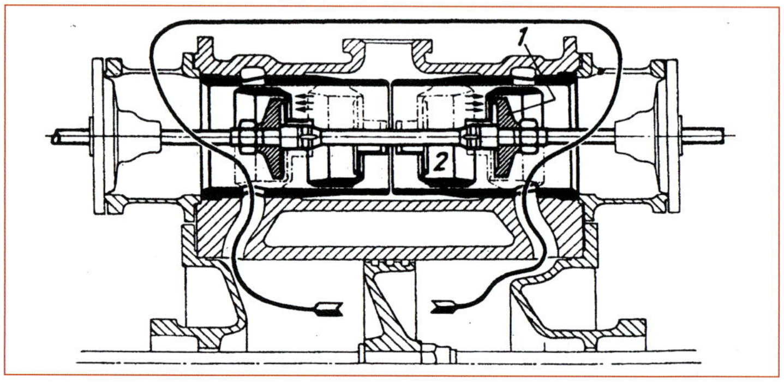

▲ *Schnitt durch einen Druckausgleich-Kolbenschieber der Bauart Karl Schulz (1 fester Schieberkörper; beweglicher Schieberkörper; 3 Ringfeder) Abbildung: Slg. D. Endisch*

Eine einfache Konstruktion und hervorragende Leerlaufeigenschaften besaßen die Trofimoff-Schieber, deren Patente die Sowjetischen Eisenbahnen (SZD) 1924 von der Henschel & Sohn GmbH erwarben. Der Trofimoff-Schieber besteht wie der Karl-Schulz-Schieber aus zwei fest montierten und zwei losen Schieberkörpern. Allerdings besaß der Trofimoff-Schieber keine Federn. Die losen Schieberkörper blieben aufgrund der Ringspannung beim Leerlauf in der Mitte liegen und ermöglichten so einen sehr guten Druckausgleich. Beim Öffnen des Reglers musste der Lokführer jedoch Fingerspitzengefühl beweisen, denn der Aufprall der Schieberkörper wurde nur durch ein Dampf-Luft-Gemisch gedämpft. Die DR rüstete zahlreiche Maschinen

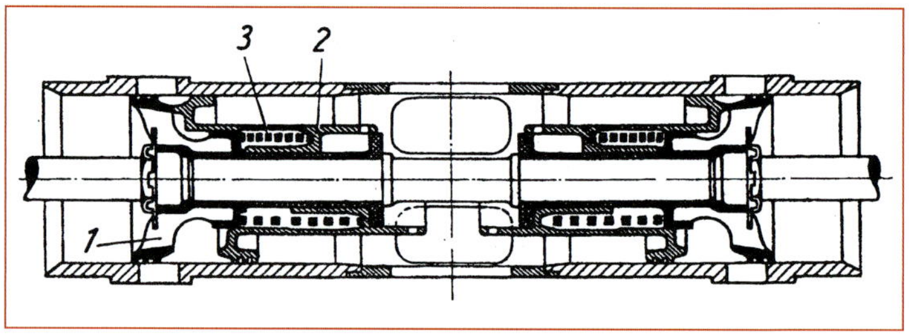

▲ *Schnitt durch einen Druckausgleich-Kolbenschieber der Bauart Troffimoff (1 Stützplatte; 2 beweglicher Schieberkörper) Abbildung: Slg. D. Endisch*

mit Trofimoff-Schiebern aus. Bis heute sind viele Dampflokomotiven mit diesen Schiebern im Einsatz. Man hört es z.B. bei den Schmalspurloks an der Ostsee, im Harz und in Sachsen am typischen »Klack«, wenn der Lokführer den Regler öffnet.

Druckluftbremse: Bei dieser Bremse wird im Unterschied zur → Saugluftbremse die Bremswirkung im Bremszylinder mit Druckluft erzeugt. Die Druckluft dient dabei nicht nur als Energieträger, sondern auch zur Steuerung der Bremse. Die erste funktionsfähige Druckluftbremse entwickelte 1868 der amerikanische Ingenieur George Westinghouse (06.10.1846–12.03.1914). Die Druckluftbremse ermöglichte höhere Bremskräfte und konnte von einer Person allein bedient werden. Das Grundprinzip dieser Bremse wird bis heute genutzt. Man unterscheidet drei verschiedene Grundtypen: die durchgehende, direkt wirkende nicht selbsttätige Druckluftbremse, die durchgehende, indirekt wirkende selbsttätige Zweikammerbremse und die durchgehende, indirekt wirkende selbsttätige Einkammerdruckluftbremse. Nach der Konstruktion des Steuerventils unterscheidet man einlösige und mehrlösige Druckluftbremsen. Im Unterschied zur mehrlösigen Bremse kann bei der einlösigen Bremse der einmal eingeleitete Lösevorgang (Druckerhöhung in der Hauptluftleitung) nicht mehr unterbrochen werden. Bei der mehrlösigen Bremse kann die Bremswirkung bei Bedarf stufenweise vermindert werden, was das Bremsen erleichtert. Die meisten Dampflokomotiven wurden mit einer einlösigen, selbsttätig wirkenden Einkammer-Druckluftbremse der Bauart Knorr ausgerüstet.

Druckluft-Läutewerk: → Läutewerk

E

effektive Leistung: → Leistung

Einströmrohr: Das Einströmrohr gehört noch zur Kesselausrüstung. Es verbindet den → Dampfsammelkasten mit dem → Schieberkasten. Um Drossel- und Abkühlungsverluste so gering wie möglich zu halten, sollten die Einströmrohre möglichst kurz und gerade sein.

Einströmung: Die Einströmung bezeichnet den Weg des Dampfes vom → Einströmrohr durch den → Schieberkasten zum → Dampfzylinder. Nach dem Auftreffen des Dampfes auf die Schieberkörper unterscheidet man zwischen äußerer und innerer Einströmung. Die äußere Einströmung wurde in

▲ *Das Einströmrohr der Zahnrad-Dampflok 97 501 musste aus konstruktiven Gründen einen leichten Knick erhalten. Dies sorgt allerdings für Strömungsverluste; ideal sind gerade Ein- und Ausströmrohre.* *Foto: D. Endisch*

erster Linie bei Nassdampflokomotiven mit → Flachschiebern und bei Verbund-Maschinen für den → Niederdruckzylinder verwendet, da hier der Dampf einfacher vom Hoch- zum Niederdruckzylinder geführt werden konnte. Bei der äußeren Einströmung der Flachschieber gelangte der Dampf von außen auf den Schieber im Schieberkasten und von dort in den Dampfzylinder, wenn der Schieberlappen den Einströmkanal freigegeben hatte. Bei der inneren Einströmung hingegen strömte der Dampf zwischen die beiden Schieberkörper und von dort in den Zylinder. Die innere Einströmung wurde häufiger angewendet.

einstufige Luftpumpe: → Luftpumpe

Einzelachsantrieb: Bei modernen Diesel- und Elektrolokomotiven setzte sich nach dem Zweiten Weltkrieg der Einzelachsantrieb durch. Beim Einzelachsantrieb wird jeder Radsatz mit einem eigenen Antrieb ausgerüstet. Die einzige deutsche Dampflok mit einem Einzelachsantrieb war die stromlinienverkleidete 19 1001, deren vier Achsen mit jeweils einem Dampfmotor ausgerüstet waren. Obwohl die Maschine nur einen Treibraddurchmesser von 1.250 mm besaß, war sie dank ihrer Dampfmotoren für eine Höchstgeschwindigkeit von 175 km/h zugelassen. Die 1941 von der Firma Henschel & Sohn gebaute Lok wurde 1945 von der US-Armee beschlagnahmt und abtransportiert.

elektrische Beleuchtung: Die elektrische Beleuchtung einer Dampflok besteht aus dem Turbogenerator, dem Schalt- und Sicherungskasten sowie den Signallaternen an den Fahrzeugenden, der Triebwerks- und der Führerstandsbeleuchtung. Die für 24 Volt ausgelegte Lichtanlage hat eine Leistung von 0,5 kW und dient ausschließlich zur Versorgung der Lok. Die auf den sächsischen Schmalspurbahnen eingesetzten Maschinen der Baureihen 99.73–76 und 99.77–79 sind hingegen mit einer deutlich größeren, leistungsstärkeren Lichtmaschine (5 kW) ausgerüstet, die auch die Personenzüge mit Strom versorgt.

F

Fachwerkdrehgestell: Im amerikanischen Lokomotivbau entstanden Ende des 19. Jahrhunderts die ersten Fachwerkdrehgestelle. Die Preußische Staatsbahn rüstete ihre Tender der Bauarten 2´2´ T 21,5 und 2´2´ T 31,5 mit diesen Drehgestellen aus. Im Unterschied zu den Gestellen mit einem → Blechrahmen wird bei den Fachwerkdrehgestellen die Tendermasse durch Stützpfannen auf die Wiegebalken übertragen. Dadurch waren diese Drehgestelle leichter und übersichtlicher.

Feuerbüchse: Die Feuerbüchse ist ein Teil des → Hinterkessels. Die Feuerbüchse umfasst den Verbrennungsraum, der unten durch den Rost abgeschlossen wird. Die Feuerbüchse besteht aus der Decke, den beiden Seitenwänden sowie der Rück- und der Rohrwand. Die Feuerbüchsrückwand und der Stehkesselmantel sind durch den Feuerlochring mit dem Feuerloch verbunden. Der Bodenring bildet die untere Verbindung zwischen Feuerbüchse und Stehkesselmantel. Decken-, Bügel- und Queranker sowie Stehbolzen versteifen die Feuerbüchse gegen den Stehkesselmantel. Die Feuerbüchse ist von Wasser umspült und bildet die → Strahlungsheizfläche. Die Feuerbüchsdecke ist meistens leicht nach hinten geneigt. Der niedrigste, im Betrieb zu-

▲ *Blick in die Feuerbüchse einer Maschine der Baureihe 99.51–60 (ex sächsische IV K). Foto: D. Endisch*

lässige → Wasserstand beträgt 100 mm. Wird diese Marke unterschritten, kann die Feuerbüchse ausglühen. Im Extremfall kann das zu einer Kesselexplosion führen. Der → Schmelzpfropfen soll ein Ausglühen der Feuerbüchse verhindern. Bis zum Ersten Weltkrieg wurden die Feuerbüchsen ausschließlich aus Kupfer- und Kupferlegierungen gebaut. Die Stahlfeuerbüchse setzte sich erst in den 1930er-Jahren schrittweise durch. Stahl leitet zwar die Wärme nicht so gut wie Kupfer, allerdings sind Stahlfeuerbüchsen preiswerter in der Fertigung und in der Unterhaltung. Außerdem widerstehen Stahlfeuerbüchsen besser den bei der Verbrennung freigesetzten Schwefelgasen.

Flachejektor: → Giesl-Flachejektor

Flachschieber: Der Flachschieber ist ein Teil der inneren → Steuerung, der die Ein- und Ausströmung des Dampfes in bzw. aus den Zylindern regelt. Der Flachschieber wird hauptsächlich bei Nassdampflokomotiven verwendet und heißt aufgrund seiner Form auch »Muschelschieber«. Der Dampf drückt den Schieber auf den Schieberspiegel und benötigt deshalb viel Kraft für seine Bewegung. Die Kanten des Flachschiebers, die so genannten Schieberlappen, steuern den Ein- und Austritt des Dampfes.

Flachschieber-Regler: → Regler

Franco-Crosti: Der 1914 von Attilio Franco (1873–1936) entwickelte und von Piero Crosti (1885–1958) verbesserte Abgasvorwärmer bestand aus einem Wärmetauscher, in dem die Rauchgase und der Abdampf ihre Wärme an das

Speisewasser abgaben. Typisch für den Franco-Crosti-Vorwärmer waren ein oder zwei (links und rechts) neben dem ➞ Langkessel angebrachte Heizrohrkessel und der seitliche Schornstein. Versuche der italienischen Staatsbahn brachten eine Kohleersparnis von rund 20 Prozent. Die DB rüstete zwischen 1951 und 1962 zwei Loks der Baureihe 52 (Baureihe 42.90) und 31 Maschinen der Baureihe 50 (Baureihe 50.40) mit Franco-Crosti-Vorwärmern aus, die aber aufgrund von Korrosionsschäden an den Kesseln, verursacht durch schwefelige Säure, nach nur wenigen Einsatzjahren abgestellt werden mussten.

Friedmann-Abdampfinjektor: Die unter dem Führerhaus liegende, nicht saugende ➞ Dampfstrahlpumpe konnte sich in Deutschland nicht durchsetzen. Der von Alexander Friedmann (08.05.1838–22.0.2.1882) 1868 entwickelte Abdampfinjektor nutzte den Maschinenabdampf zur Wasserförderung. Im Stand konnte die Pumpe auch mit Frischdampf betrieben werden.

▲ *Die DRG rüstete in den 1930er-Jahren einige Maschinen der Baureihen 01, 64, 86 und 99.73–76 versuchsweise mit einem Friedmann-Abdampfinjektor aus. Dazu gehörte 64 234, die am 21. März 1933 im Bw Holzwickede abgelichtet wurde. Am 28. Januar 1938 wurde der Ausbau der Abdampfinjektoren verfügt.*
Foto: C. Bellingrodt, Archiv D. Endisch

Führerbremsventil: Zu den wichtigsten Bauteilen der ➞ Druckluftbremse gehört das Führerbremsventil. Mit dem Führerbremsventil betätigt der Lokführer die Bremse. Die Aufgaben des Führerbremsventils sind das Füllen der Hauptluftleitung, das Konstanthalten des Druckes in der Hauptluftleitung auch bei Druckverlusten, das Entleeren der Hauptluftleitung entsprechend der Bremsstufe, das Festhalten der eingeleiteten Bremsstufe, das Erhöhen des Druckes in der Hauptluftleitung zum Lösen der Bremse und das Absperren der Hauptluftleitung.

Führerstand: Der Führerstand ist der Arbeitsplatz des Lokführers und des Heizers. Er befindet sich meist hinter dem ➞ Hinterkessel. Während der Lokführer in Deutschland immer in Fahrtrichtung rechts steht, ist die linke Seite für den Heizer bestimmt.

Funkenfänger: Der Funkenfänger in der Rauchkammer verhindert, dass vom ➞ Rost mitgerissene Funken oder glühende Kohleteilchen durch den Schornstein ins Freie geschleudert werden. Die meisten deutschen Dampfloks sind mit einem Funkenfänger der Bauart Holzapfel ausgerüstet. Er besteht aus einem aufklappbaren Drahtkorb (Maschenweite 4 mm), der pendelnd an der Unterkante des Schornsteins hängt und bis zum Blasrohr reicht. Ein Prallblech an der Rückseite des Funkenfängers erhöht die Wirkung zusätzlich.

G

Gasbeleuchtung: Bis zur Einführung der elektrischen Beleuchtung ab Mitte der 1920er-Jahre waren die Dampfloks mit einer Gasbeleuchtung ausgerüstet. Das dazu benötigte Gas wurde in einem zylindrischen Behälter mit einem Betriebsdruck von 6 kp/cm^2 gespeichert, der häufig auf dem Schlepptender montiert war. Bei Tenderlokomotiven hing der Gasbehälter meist an der Rückwand des Kohlenkastens. Über ein Druckminderungsventil sowie flexible Rohrleitungen und Gummischläuche gelangte das Gas zu den Laternen. Das so genannte Fettgas wurde in bahneigenen Gaswerken hergestellt.

Gegendruckbremse: Niklaus Riggenbach (21.05.1817–25.07.1899) erfand die nach ihm benannte Gegendruckbremse. Diese Triebwerksbremse wurde zur Schonung der Radreifen und der Bremsanlage in erster Linie auf längeren Gefällestrecken (z.B. im Steilstreckenbetrieb) benutzt. Die Funktionsweise war recht einfach: Bei geschlossenem Regler legte der Lokführer die Steuerung in die entgegengesetzte Fahrtrichtung um (»Kontern« genannt). Dadurch verdichteten die Kolben die im Zylinder vorhandene Luft und die Bremswirkung entstand. Mit einem Drehschieber verschloss der Lokführer das Blasrohr, damit keine Lösche aus der Rauchkammer angesaugt werden konnte. Über diesen Schieber konnte aber auch Frischluft angesaugt werden. Zur Kühlung der Luft wurde Wasser in die Zylinder eingespitzt.

Gegenkurbel: Die Gegenkurbel, mitunter auch »Schwingenkurbel« genannt, ist ein wichtiger Bestandteil der ➞

▲ *Die Gegenkurbel treibt die Steuerung an.* *Foto: D. Endisch*

Heusinger-Steuerung. Sie treibt die Schwingenstange an. Die ersten Gegenkurbeln wurden mit dem Treibzapfen aus einem Stück geschmiedet. Diese fertigungs- und unterhaltungstechnisch sehr aufwändige Bauart ist heute nur noch sehr selten anzutreffen. Die Gegenkurbel wird heute auf den Treibzapfen aufgesetzt und durch Schrauben fixiert.

Giesl-Flachejektor: Das ➞ Blasrohr hat einen entscheidenden Einfluss auf die Wirtschaftlichkeit einer Dampflok. Ein guter Saugzug ist für eine einwandfreie Verbrennung wichtig. Allerdings erzeugen zu enge Blasrohre, die für einen hohen Unterdruck in der Rauchkammer sorgen, einen zu großen Gegendruck in den Zylindern, was zu Leistungseinbußen führt. Die Lösung des Problems fand der Österreicher Adolph Giesl-Gieslingen (07.09.1903–11.02.1992), der 1949 seinen Flachejektor vorstellte. Giesl-Gieslingen hatte das runde Blasrohr durch sieben hintereinander angeordnete Düsen ersetzt. Dadurch konnte die Pumpleistung der Saugzuganlage erhöht werden, wobei der Gegendruck deutlich abnahm. Durch den Giesl-Flachejektor konnte die Kesselleistung bei einer Kohleeinsparung von rund 10 Prozent um bis zu 20 Prozent gesteigert werden. Die DR rüstete in der zweiten Hälfte der 1960er-Jahre rund 550 ihrer Dampfloks mit einem Giesl-Flachejektor aus. Die Personale bezeichneten den flachen Schornstein auch als »Quetsch-Esse«.

▲ *Die DR ließ in den Jahren 1966/67 insgesamt 75 Lokomotiven der Baureihe 38.10–40 (ex preußische P 8) mit einem Giesl-Flachejektor ausrüsten. Dank der so genannten Quetschesse stieg die effektive Leistung der P 8 von 920 PSe auf 955 PSe an. 38 3008 stand im Sommer 1970 mit einem Personenzug in Magdeburg Hbf.* *Foto: H. Constabel, Archiv D. Endisch*

Gleitbahn: Die Gleitbahn ist Führungsschiene und Halterung für den ➞ Kreuzkopf. Bis Anfang des 20. Jahrhunderts waren zweischienige Gleitbahnen üblich, das heißt, der Kreuzkopf wurde durch eine obere und eine untere Gleitbahn geführt. Nachdem sich herausgestellt hatte, dass bei exakter Fertigung und Montage der Gleitbahn das Kippmoment die Führung des Kreuzkopfes nicht negativ beeinflusst, setzte sich die einschienige Bauform durch. Die I-förmige Gleitbahn besteht aus sehr festem Stahl. Die Gleitflächen werden gehärtet und geschliffen.

Gleitlager: Bei einem Gleitlager dreht sich die Nabe bzw. der Achsschenkel gleitreibend in der Lagerschale, diese besteht aus einer massiven Stützschale (Grundlagerschale) aus Bronze oder Rotguss und dem 5 bis 8 mm starken Lagerausguss. Schwalbenschwanzförmige Nuten stellen die Verbindung zwischen der Stützschale und dem Lagerausguss her. Der Ausguss besteht aus einer Legierung aus Kupfer, Zinn und Antimon. Die meisten Lager bei einer Dampflok sind Gleitlager. Zur Schmierung wird Mineralöl verwendet. Gleitlager sind in der Herstellung deutlich billiger als ➞ Rollenlager, können einfacher gewartet werden und lassen größere Fertigungstoleranzen zu. Seine höhere Reibung und das notwendige Nachschmieren sind die wichtigsten Nachteile des Gleitlagers.

Gölsdorf-Achse: Zur Verbesserung des Bogenlaufs für Dampfloks mit mehr als drei Kuppelachsen entwickelte Karl Gölsdorf (08.06.1861–18.03.1916) ein Laufwerk mit seitenverschiebbaren Radsätzen. Damit sich die Achsen verschieben konnten, war ein Spiel zwischen den Stirnflächen der Lagerschenkel und Achsen vorgesehen. Außerdem mussten die entsprechenden Kuppelzapfen verlängert werden, damit die Kuppelstangen verschoben werden konnten. Eine Rückstellvorrichtung brachte die verschiebbaren Achsen nach der Kurvenfahrt wieder in die Mittellage.

GP-Wechsel: Ist ein Bauteil der → Druckluftbremse. Die Umstelleinrichtung sitzt zwischen dem einlösigen Steuerventil und dem Bremszylinder. Der Hahn kann in die Bremsstellungen »P« (Personenzug) und »G« (Güterzug) gelegt werden. In der Stellung »P« gelangt die Bremsluft ungehindert in rund fünf Sekunden zum Bremszylinder. Bei der Stellung »G« hingegen wurde die Luft gedrosselt, sodass der Bremshöchstdruck erst nach rund 35 Sekunden erreicht war. Die Einstellung des GP-Wechsels lässt sich leicht erkennen: Zeigt der Handgriff in Richtung Luftleitung, ist die Stellung »P« eingestellt; senkrecht zur Luftleitung »G«.

Grützner-Zentralöler: Als Ersatz für verschlissene → Bosch-Öler beschaffte die DR ab Ende der 1950er-Jahre die vom VEB Armaturenwerk Halle (Saale) gefertigten Grützner-Zentralöler EK IV. Die oft nur als »Grützner-Öler« bezeichnete Schmierpumpe besaß zwölf Auslässe. Jedes Pumpenelement hatte jeweils zwei Zuteilungs- und Druckpumpen, die je nach Einstellung pro Hub bis zu 0,25 cm^3 Öl förderten. Neben den Neubau-Dampfloks der Baureihen 23.10 (ab 23 1064), 50.40, 99.23–24 (ab 99 238) und 99.77–79 waren auch die Reko-Maschinen der Baureihe 58.30 mit einem Grützner-Öler ausgerüstet. In den 1960er-Jahren wurden auch andere DR-Dampfloks, wie z.B. einzelne Maschinen der Baureihe 52.80, mit einem Grützner-Zentralöler ausgestattet.

H

Handbremse: → Wurfhebelbremse

Hängeeisen: Das Hängeeisen ist Teil der → Heusinger-Steuerung und verbindet den über der Schwinge angebrachten Aufwurfhebel mit der Schieberschubstange.
Hauptkuppeleisen: Lok und Tender sind mit dem Hauptkuppeleisen verbunden, an dem dann die gesamte Zugmasse hängt. Das Kuppeleisen ist mit den → Kuppelkästen von Lok und Tender durch die Hauptkuppelbolzen verbunden. Die dafür notwendigen Bohrungen sind als Langlöcher ausgeführt, damit sich Lok und Tender auch senkrecht zueinander bewegen können (z.B. bei Gleisunebenheiten).

Hauptluftbehälter: Der Hauptluftbehälter speichert die zum Betrieb der Bremsen und der Hilfseinrichtungen (z.B.

▲ *Das Hängeeisen verbindet den Aufwurfhebel mit der Schieberschubstange.* *Foto: D. Endisch*

Sandstreuer, Läutewerk) notwendige Druckluft. Die meisten regelspurigen Dampflokomotiven sind mit zwei jeweils 400 Liter großen Hauptluftbehältern ausgerüstet. Die Hauptluftbehälter müssen immer so angeordnet sein, dass sie vom Fahrtwind gekühlt werden.

Hardy-Bremse: → Saugluftbremse

Heißdampf: Als Heißdampf wird überhitzter Dampf bezeichnet, der in der Regel eine Temperatur zwischen 300 und 450° C hat.

▲ *Es gibt verschiedene Möglichkeiten, den Hauptluftbehälter unterzubringen. Bei 99 6102-0 fand der 400 Liter große Hauptluftbehälter an der Führerhausrückwand seinen Platz.* *Foto: D. Endisch*

Heißdampfregler: → Regler

Heizfläche: Als Heizfläche wird die wasserberührte Fläche eines Kessels bezeichnet. Die Gesamtheizfläche gliedert sich in die Feuerbüchsheizfläche (auch »Strahlungsheizfläche« oder »direkte Heizfläche« genannt) und die Rohrheizfläche (auch »Berührungsheizfläche« oder »indirekte Heizfläche« genannt). Die Rohrheizfläche wird zudem in Heizrohr- und Rauchrohrheizfläche unterschieden. Die größte Verdampfungsleistung erbringt die Feuerbüchsheizfläche, die rund sechsmal höher ist als die Rohrheizfläche.

Heizflächenbelastung: Die Heizflächenbelastung bezeichnet die Dampfmenge, die ein Kessel auf einem Quadratmeter Heizfläche pro Stunde (kg/m^{2}h) erzielen kann. Den Höchstwert bezeichnet man als »Kesselgrenze«. Die DRG setzte für ihre Einheitslokomotiven eine maximale Heizflächenbelastung von 57 kg/m^{2}h fest. Die Verbrennungskammer-Kessel der DB und DR hingegen erreichten eine Heizflächenbelastung von 70 bis 80 kg/m^{2}h. Die maximale Heizflächenbelastung kann zwar zeitweise überschritten werden, bei einem längeren Betrieb treten jedoch Kesselschäden auf.

Heizrohr: Das Heizrohr stellt – ebenso wie das → Rauchrohr – eine Verbindung zwischen der Feuerbüchse (Feuerbüchsrohrwand) und der Rauchkammer (Rauchkammerrohrwand) her. Dabei werden die beiden Rohrwände gleichzeitig versteift. Durch das wasserumspülte Heizrohr strömen die Rauchgase, die dabei ihre Wärme an das Kesselwasser abgeben. Die Anzahl der Heizrohre hängt von der notwendigen → Heizfläche ab. Der Durchmesser ist von der Rohrlänge, also dem Abstand zwischen den Rohrwänden, abhängig. Heizrohre haben im Vergleich zu → Rauchrohren einen deutlich kleineren Durchmesser.

Heusinger-Steuerung: Die 1850 von Eduard Heusinger von Waldegg (12.05.1817–02.02.1886) erfundene Steuerung konnte sich in Deutschland zunächst nicht durchsetzen. Zwar lieferte Borsig 1866 die erste Dampflok mit einer Heusinger-Steuerung aus, doch die Bahngesellschaften gaben zunächst noch der → Allan-Steuerung den Vorzug. Erst Jahre später konnte sich die einfache und übersichtliche Steuerung, die nur einen Schwingenantrieb benötigte, durchsetzen.

Hinterkessel: Der Hinterkessel ist der hintere Teil des konventionellen Kessels der Stephensonschen Bauart. Der Hinterkessel schließt sich an den → Langkessel an und besteht aus dem → Stehkessel und der → Feuerbüchse, die beide durch den Bodenring verbunden sind.

▲ *Die Heusinger-Steuerung der 75 1118: Die Tenderlok besitzt eine Kuhnsche Schleife.* *Foto: D. Endisch*

Hubscheibe: Die Hubscheibe ist ein Teil der äußeren Steuerung, das außen oder innen auf der Welle der Treibachse sitzt und zum Antrieb der Steuerung dient. Die → Allan-Steuerung benötigte zwei Hubscheiben. Auch bei der → Heusinger-Steuerung für Innentriebwerke gibt es gelegentlich Hubscheiben, so z.B. für den Steuerungsantrieb des Innenzylinders bei der Baureihe 44.

Hochdruckzylinder: → Verbundloks besitzen Hoch- und → Niederdruckzylinder. Bei Vierzylinderverbund-Maschinen sind die deutlich kleineren Hochdruckzylinder meist in

▲ *Der Hinterkessel einer Schnellzug-Maschine der Baureihe 01.5: Die konische Erweiterung im unteren Teil ist der Verbrennungskammer geschuldet.* *Foto: D. Endisch*

der Fahrzeugmitte angeordnet. In den Hochdruckzylindern wird der Dampf im ersten Arbeitshub teilentspannt und dann über den Verbinder den → Niederdruckzylindern zugeführt.

I

Indikator: Als Indikator wird das Messgerät zur Ermittlung der Dampfverteilung im Zylinder bezeichnet. Das Indikator-Gerät wird nur bei Probe- und Abnahmefahrten an die Dampfzylinder angeschlossen. Ein Dreiwegehahn stellt die Verbindung zur vorderen und hinteren Zylinderseite her. Beim so genannten Indizieren, einer langsamen Fahrt mit angelegter Bremse, dokumentiert das Schreibgerät des Indikators auf einer Papierrolle die Dampfverteilung in beiden Zylinderteilen. Ist diese nicht gleichmäßig, muss die Steuerung nachgestellt werden.

▲ *Mit dem Indikator-Gerät wird die Dampfverteilung in den Zylindern ermittelt. 95 027 war bei ihrer Probefahrt am 21. April 2010 mit einem Indikator-Gerät ausgerüstet.* *Foto: D. Endisch*

Indizieren: → Indikator

indizierte Leistung: → Leistung

indizierte Zugkraft: → Zugkraft

Indusi: »Indusi« ist die Kurzform von »Induktiver Zugsicherung«. Sie ist eine Einrichtung zur automatischen, punktförmigen Zugüberwachung und -beeinflussung. Die Indusi besteht aus einem Streckenteil – ein in Abhängigkeit vom Signalbild wirksamer oder kurzgeschlossener Gleismagnet – und einem Fahrzeugteil. Die Lok ist mit einem Gleismagneten und einem Dreifrequenzgenerator ausgerüstet. Die Indusi arbeitet mit 200, 500 und 1.000 Hertz Frequenz. Überfährt z.B. ein Lokführer ein »Halt!« zeigendes Signal, löst die Indusi eine Zwangsbremsung aus. Die DB rüstete in den 1960er-Jahren fast alle ihre Dampfloks mit einer Indusi aus. Die DR hingegen baute die Indusi nur in einige Schnellzugloks ein. Heute müssen alle regelspurigen Dampfloks, die auf öffentlicher Infrastruktur als führendes Triebfahrzeug eingesetzt werden sollen, mit einer Indusi ausgerüstet sein.

Injektor: → Dampfstrahlpumpe

Innenrahmen: Der Innenrahmen ist die am weitesten verbreitete Bauform des Rahmens. Beim Innenrahmen liegen die Rahmenwangen innerhalb der Räder. Innenrahmen können als → Barren- oder Blechrahmen gefertigt werden. Im Unterschied zu den Außenrahmen kann der Innenrahmen besser versteift werden.

innere Einströmung: → Einströmung

K

Karl-Schulz-Schieber: → Druckausgleich-Kolbenschieber

Kesselsicherheitsventil: Das Kesselsicherheitsventil gehört zur Feinausrüstung des Kessels und verhindert das Überschreiten des zulässigen Betriebsdrucks. Ist der zu-

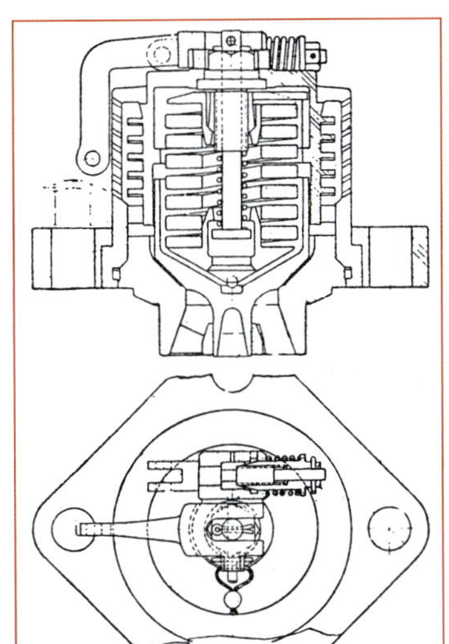

▲ *Schnitt durch ein Kesselsicherheitsventil der Bauart Ackermann* *Abbildung: Slg. D. Endisch*

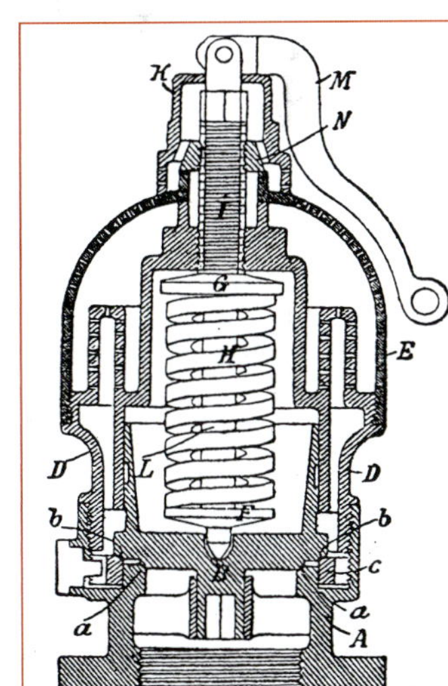

▲ *Schnitt durch ein Kesselsicherheitsventil der Bauart Coale* *Abbildung: Slg. D. Endisch*

lässige Kesseldruck überschritten, lässt das Kesselsicherheitsventil so lange Dampf ins Freie ab, bis der eingestellte Druck wieder erreicht ist. Dann schließt das Ventil sofort wieder. Jeder Kessel besitzt mindestens zwei Kesselsicherheitsventile, die verplombt sein müssen.
In Deutschland wurden mehrere Bauarten verwendet. Die wohl bekanntesten Kesselsicherheitsventile sind die der Bauart Ackermann. Mit den kompakten, quaderförmigen Ventilen sind die meisten deutschen Dampfloks ausgerüstet. Das Kesselsicherheitsventil der Bauart Coale war im Vergleich zum Ackermann-Ventil deutlich höher und mit einer Druckfeder für die Ventilsitzpressung ausgerüstet. Allerdings schloss das Ventil erst recht spät und blies daher sehr lange ab. Die DRG ersetzte die Coale-Ventile deshalb durch die der Bauart Ackermann.

▲ *Typisch für das Kesselsicherheitsventil der Bauart Ramsbottom war die U-Röhre. Foto: D. Endisch*

Charakteristisch für das von John Ramsbottom (11.09.1814–20.05.1897) entwickelte Ventil war die U-Röhre. Zwei Spannfedern drückten die Auslassventilteller auf den Sitz. Die Federn griffen an einen Traghebel, der mittels einer Spannschraube einen so genannten Belastungshebel niederdrückte. Der Belastungshebel diente dabei gleichzeitig als Hebel zur Ventilprobe. Auf der gegenüberliegenden Seite des Hebels war ein Ausgleichgewicht angebracht. Das vornehmlich von der Preußischen Staatsbahn benutzte Ventil war zwar sehr zuverlässig, hatte aber einen entscheidenden Nachteil: Während des Abblasens konnte durch den zu geringen Ventilhub der Druck im Kessel weiter steigen.

Kipprost: Als Kipprost wird der Teil des → Rostes bezeichnet, der zum Entschlacken nach unten geklappt werden kann. Der Kipprost sitzt meist in der Rostmitte und wird über eine Handspindel vom Führerstand aus bedient. Bereits Anfang des 20. Jahrhunderts führten die Länderbahnen in Deutschland den Kipprost ein. Allerdings konnten Maschinen mit kleineren Rostflächen (z.B. viele Schmalspurloks) nicht mit einem Kipprost ausgerüstet werden. Hier musste dann der Heizer die Schlacke mit speziellen Eisenschaufeln vom Rost entfernen.

▲ *Der Kipprost sitzt auf einer Welle, die meist vom Führerstand aus betätigt wird. Foto: D. Endisch*

Klien-Lindner-Hohlachse: Ewald Richard Klien (10.07.1841–05.03.1917) und Heinrich Robert Lindner (25.05.1851–22.04.1933) entwickelten die nach ihnen benannte seitenverschiebbare Kuppelachse. Die Konstruktion bestand aus einer fest im → Außenrahmen gelagerten, seitlich nicht verschiebbaren und in der Mitte kugelförmig ausgebildeten Kurbelwelle, die auch den Kurbelzapfen trug. Die Räder hingegen saßen auf einer Hohlachse, durch die die Kurbelwelle hindurch führte. Die Hohlachse ließ sich verschieben und radial einstellen; Schraubenfedern dienten als

Rückstellvorrichtung. Die Klien-Lindner-Hohlachse zeichnete sich durch ihren sehr ruhigen Lauf aus, war aber in der Wartung recht teuer. Vor allem Schmalspur-Dampfloks wurden mit Klien-Lindner-Hohlachsen ausgerüstet (z.B. 99 4532; inzwischen aber ausgebaut).

Klose-Triebwerk: Der Obermaschinenmeister der Königlich Württembergischen Staatsbahnen Adolph Klose (21.05.1844–02.09.1923) entwickelte 1884 das nach ihm benannte kurvenbewegliche Triebwerk. Zwei so genannte Parallelogrammlenker auf jeder Triebwerksseite ermöglichten die notwendige Längenänderung der Kurvenfahrt. An die Parallelogrammlenker griffen die Kuppelstangen der Endradsätze an. Das Klose-Triebwerk bestach zwar durch seinen guten Kurvenlauf, war jedoch durch die vielen Lager und Gelenke in der Unterhaltung sehr teuer und konnte sich deshalb nicht durchsetzen.

▲ *Die Königlich Württembergischen Staatseisenbahnen beschafften für die Schmalspurbahn Nagold–Altensteig insgesamt drei Maschinen der Klasse Ts 4. Dank des aufwändigen Klose-Triebwerks konnten die Maschinen Gleisbögen mit einem Radius von 40 m durchfahren. Die Lok BERNECK (DRG: 99 172) wurde 1927 ausgemustert.* *Foto: Archiv D. Endisch*

Knorr-Bremse: → Druckluftbremse

Knorr-Läutewerk: → Läutewerk

Knorr-Vorwärmer: → Oberflächenvorwärmer

Kohlenkasten: Vorratsbehälter für den Brennstoff der Dampflokomotiven. Bei Schlepptender-Maschinen ist der Kohlenkasten in der Mitte des → Wasserkastens des → Schlepptenders eingebaut oder aufgesetzt. Bei Tenderlokomotiven befindet sich der Kohlenkasten entweder hinter oder links (und rechts) vor dem Führerhaus.

▲ *Der Kohlenkasten der Schmalspur-Maschinen der Baureihe 99.23–24 fasst vier Tonnen Brennstoff.* *Foto: D. Endisch*

Kolbenschieber: Der Kolbenschieber ist Teil der inneren → Steuerung. Er besteht aus zwei ringförmigen, auf der Kolbenstange befestigten Kolbenkörpern. Federnde Ringe dichten den Kolbenschieber gegen die Laufbuchse des Schieberkastens ab. Der Kolbenschieber ist ein so genannter entlasteter Schieber, da der Dampfdruck von beiden Seiten gleichmäßig stark auf die Schieberkörper wirkt. Heißdampfloks sind ausschließlich mit Kolbenschiebern ausgerüstet. Zum Druckausgleich im Leerlauf werden für Regelkolbenschieber zusätzliche Druckausgleicher benötigt. Eine Weiterentwicklung der Kolbenschieber stellen die → Druckausgleich-Kolbenschieber dar.

Kolbenspeisepumpe: → Speisepumpe

Körtingbremse: → Saugluftbremse

Krauss-Helmholtz-Lenkgestell: Georg Ritter von Krauss (25.12.1826–05.11.1906) und Richard von Helmholtz (28.09.1852–10.09.1934) entwickelten 1888 das nach ihnen benannte kurvenbewegliche Laufwerk. Bei dieser Konstruktion werden eine seitenverschiebbare → Laufachse und eine seitenverschiebbare Kuppelachse mit einer Deichsel verbunden, die drehbar an einem Zapfen am Rahmen befestigt ist. Das Krauss-Helmholtz-Lenkgestell ist eine Kombination aus einer radial einstellbaren Laufachse und einer parallel verschiebbaren Kuppelachse. Bei der Einfahrt in den Gleisbogen laufen die Räder des Krauss-Helmholtz-Lenkgestells entweder an der Außenschiene (bei vorauslaufendem Gestell) oder an der Innenschiene (bei nachlaufendem Gestell) an. Die Konstruktion besticht durch ihre sehr guten Laufeigenschaften.

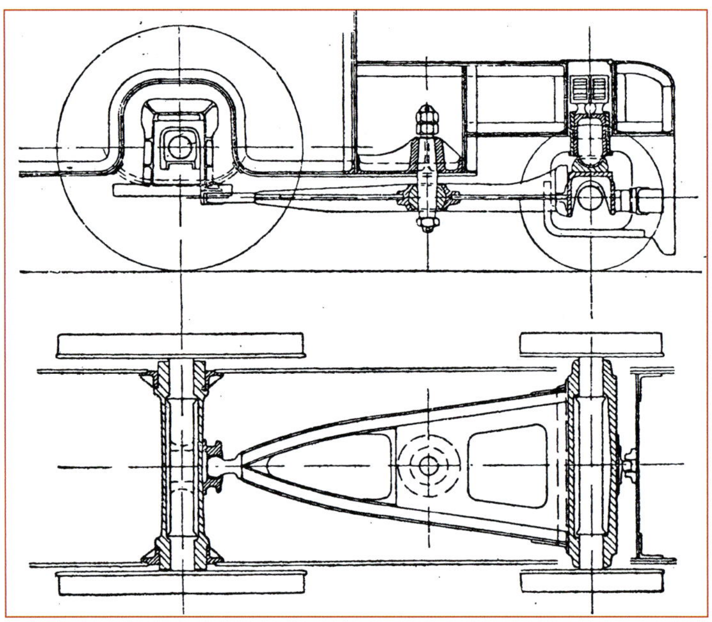

▲ *Schema des Krauss-Helmholtz-Lenkgestells*
Abbildung: Slg. D. Endisch

Krauss´scher Wasserkasten: → Wasserkasten

Kreuzkopf: Der Kreuzkopf stellt eine bewegliche Verbindung zwischen der Kolben- und der Treibstange her. Er wandelt die Horizontalbewegung des Kolbens in die Drehbewegung um. Der Kreuzkopf wird entweder ein- oder zweischienig auf der → Gleitbahn geführt. Ein eingepresster Keil verbindet den Kreuzkopf mit der Kolbenstange. Die Treibstange wird hingegen durch einen Bolzen gehalten.

Kuhnsche Schleife: Die Kuhnsche Schleife ist Teil der → Heusinger-Steuerung. Bei der von Michael Kuhn (1851–1903) entwickelten Bauform entfällt das → Hängeeisen. Stattdessen greift der Aufwurfhebel direkt in die nach hinten verlängerte → Schieberschubstange, die mit einem speziellen Führungsschlitz – der so genannten Schleife – versehen ist. Die Kuhnsche Schleife wurde in erster Linie bei Tenderlokomotiven verwendet.

Kuppelkasten: Der aus Blechen zusammengenietete oder geschweißte Kasten (selten Stahlgussstück) nimmt das zur Verbindung von Lok und Tender notwendige → Hauptkuppeleisen und die beiden → Notkuppeleisen sowie die dazugehörigen Bolzen auf. Der Kuppelkasten bildet bei Schlepptendermaschinen die hintere Rahmenverbindung. Der im vorderen Teil des Tenders befindliche Kuppelkasten besitzt zwei Stoßpuffer mit keilförmigen Köpfen, die durch Blattfedern gegen die Stoßpufferplatten am Kuppelkasten der Lok gedrückt werden. Die Stoßpuffer dämpfen die Dreh- und Schlingerbewegungen der Lok. Die Federn besitzen eine Vorspannung von rund 8 Mp.

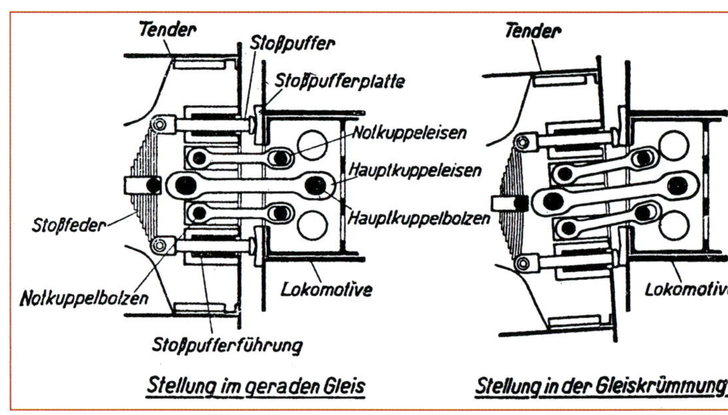

▲ *Lage der Haupt- und Notkuppeleisen im Kuppelkasten*
Abbildung: Slg. D. Endisch

Kuppelstange: Die Kuppelstange überträgt das Drehmoment vom Treibzapfen auf die Kuppelräder. Einfache bzw. geringer belastete Kuppelstangen bestehen aus einfachen Walzprofilen. Damit die für größere Kräfte benötigten Kuppelstangen nicht zu schwer werden, wurden sie I-förmig ausgefräst. Der Stangenkopf der Kuppelstangen umgreift den Kuppelzapfen. Im Stangenkopf ist meist ein nicht nachstellbares Buchsenlager (Gleitlager) eingebaut.

Kuppelzapfen: Der Kuppelzapfen wird in die dafür vorgesehenen Bohrungen der Kuppelachsen eingepresst. Sie haben einen deutlich geringeren Durchmesser und sind meist kürzer als der → Treibzapfen. Auf dem Kuppelzapfen,

▲ *Die Maschinen der Baureihe 50.35 besitzen geteilte Kuppelstangen, damit sich die beweglich gelagerten erste und fünfte Kuppelachsen beim Befahren eines Gleisbogens verschieben können.* *Foto: Dr. M. Dettenberg*

der das Drehmoment auf die Achse überträgt, sitzt die → Kuppelstange. Bei Zweizylinderlokomotiven sind die Kuppelzapfen der rechten und linken Maschinenseite um 90° versetzt.

L

Langkessel: Als »Langkessel« wird der mittlere Teil des konventionellen Kessels der Stephensonschen Bauart bezeichnet. Der Langkessel sitzt zwischen der → Rauchkammer und dem → Hinterkessel und besteht aus den → Heiz- und → Rauchrohren. Auf dem Langkessel sitzen der → Dampf- und der Speisedom bzw. die Kesselspeiseventile.

Laufachse: → Laufradsatz

Lastausgleich: Um einen ruhigen Lauf zu erreichen und eventuelle Unebenheiten des Gleises auszugleichen, wurden die → Tragfedern mit → Ausgleichhebeln zu einer Federgruppe zusammengefasst. Daher waren immer mehrere Federn an der Be- oder Entlastung einer Achse beteiligt. Die einzelnen Federgruppen wurden in einigen Fällen auch durch Querausgleichhebel verbunden. Jede Federgruppe bildete dabei einen Abstützpunkt des Rahmens auf dem Laufwerk.

Latowski-Läutewerk: → Läutewerk

Laufblech: Das Laufblech wird auch als »Umlauf« bezeichnet. Er besteht aus einem Blech links und rechts neben dem Kessel. Auch die Verkleidung vor der Rauchkammer gehört dazu. Das Laufblech besitzt Trittstufen, die das Besteigen des Kessels ermöglichen. Der Umlauf besteht oft aus Riffelblech oder Streckmetall. Bei Tenderlokomotiven ist der Umlauf meist recht kurz. Hier dienen häufig die seitlichen Wasserkästen als Laufblech.

Laufradsatz: Als »Laufradsatz« oder »Laufachse« werden alle nicht angetriebenen Räder einer Dampflokomotive bezeichnet. Laufradsätze waren dann notwendig, wenn die vorhandenen Kuppelachsen nicht ausreichten, um das Gesamtgewicht der Lok mit der zulässigen Achsfahrmasse aufzunehmen. Als vorderer Laufradsatz dienten in der Regel eine Achse oder ein zweiachsiges Drehgestell. Hintere Laufradsätze konnten hingegen aus einer Achse oder zwei- und dreiachsigen Drehgestellen bestehen.

Läutewerk: Für den Einsatz auf Nebenbahnen mit ihren zahlreichen unbeschrankten Bahnübergängen besaßen Dampflokomotiven neben der obligatorischen Pfeife noch ein Läutewerk. Zu den gebräuchlichsten gehörten in Deutschland das Dampfläutewerk der Bauart Latowski und das Druckluftläutewerk der Bauart Knorr. Typisch für das Latowski-Läutewerk ist der große Klöppel, der von einem dampfgesteuerten Ventil angehoben wird. Hat das Ventil

▲ *Bei der Schmalspurlok 99 1590-1 sitzt das Dampfläutewerk der Bauart Latowski zwischen dem oberen Spitzenlicht und dem Schornstein.* *Foto: D. Endisch*

den höchsten Hub erreicht, entweicht der Dampf und der Klöppel fällt durch sein Eigengewicht herunter und trifft auf die Glocke. Beim Knorr-Läutewerk wird hingegen eine Stahlkugel von innen mittels Druckluft gegen die Glocke geschleudert. Die DR baute bei den meisten regelspurigen Dampfloks ab 1975 die Läutewerke ab, da diese nach einer entsprechenden Änderung der Eisenbahn-Bau- und Betriebsordnung (EBO) nicht mehr zwingend notwendig waren. Die Schmalspur-Maschinen behielten hingegen ihre Dampf- bzw. Druckluftläutewerke.

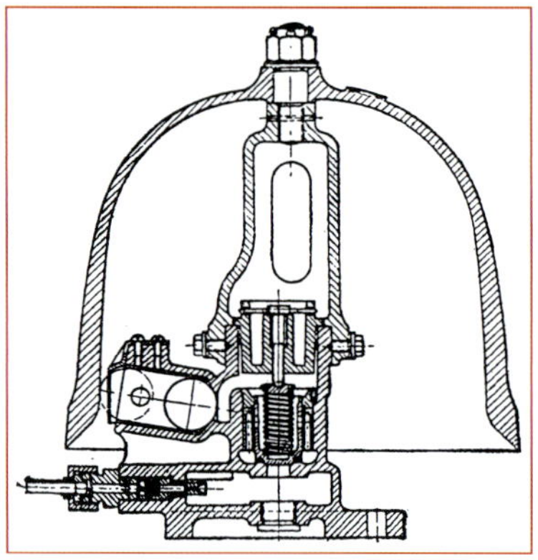

◀ *Schnitt durch ein Druckluftläutewerk der Bauart Knorr Abbildung: Slg. D. Endisch*

Leistung: Die Leistung einer Dampflok hängt nicht nur von ihrer Konstruktion ab. Das Können des Personals, der Zustand der Maschine und die Qualität des zur Verfügung stehenden Brennstoffes haben im täglichen Betrieb einen maßgeblichen Einfluss auf die Leistung. Bei Dampfloks unterschiedet man zwischen der indizierten und der effektiven Leistung. Die indizierte Leistung wird im Zylinder ermittelt und in PSi angegeben. Die effektive Leistung ist die am Zughaken ermittelte Leistung (PSe). Sie ist immer kleiner als die indizierte Leistung, was aus den Reibungsverlusten des Triebwerks und dem Fahrwiderstand der Lok resultiert.

Lentz-Ventilsteuerung: → Ventilsteuerung

Lichtmaschine: → Turbogenerator

Lösche: Als Lösche werden die in der Rauchkammertür anfallende Flugasche und unverbrannte Kohleteilchen bezeichnet. Die während der Fahrt anfallende Lösche muss in regelmäßigen Abständen mit Hilfe der Rauchkammerspritze genässt werden. Beim Restaurieren der Maschine wird dann die Lösche entfernt (»gezogen«).

Luftpumpe: Zur Erzeugung der notwendigen Druckluft (Bremse und Hilfsbetriebe) dienen dampfbetriebene Luftpumpen. Die Luftpumpe besteht im Wesentlichen aus zwei Teilen, dem Dampfkolben und dem Luftverdichter. Je nach Bauart werden einstufige, zweistufige und → Doppelverbundluftpumpen unterschieden. Eine einstufige Pumpe saugt die Luft an und verdichtet sie gleich auf 8 kp/cm². Bei der zweistufigen Luftpumpe hingegen wird die Luft im Niederdruckzylinder angesaugt, auf 2 kp/cm² vorverdichtet und dann in den kleineren Hochdruckzylinder geleitet. Im zweiten Arbeitsgang wird die Luft hier auf 8 kp/cm² komprimiert. Zweistufige Luftpumpen können in der Minute bis zu 1.400 Liter Luft ansaugen, einstufige Luftpumpen schaffen hingegen nur 800 Liter.

▲ *Die zweistufige Luftpumpe der 99 4801 wurde links neben der Rauchkammer montiert. Links neben der vorderen Laufachse ist einer der Hauptluftbehälter zu sehen. Foto: D. Endisch*

Luftsaugeventil: Das Luftsaugeventil saß entweder am → Einströmrohr oder am → Dampfzylinder. Der Lokführer betätigte das Ventil mittels Druckluft vom Führerstand aus bei geschlossenem Regler. Über das Luftsaugeventil gelangte im Leerlauf Frischluft in die Zylinder. Beim Öffnen des Reglers schloss der einströmende Dampf das Luftsaugeventil automatisch.

Luttermöller-Antrieb: Gustav Luttermöller (30.04.1868–24.12.1954) erfand 1915 eine unkonventionelle Art für den Antrieb von Endradsätzen. Luttermöller verzichtete auf die ➞ Kuppelstangen und entwickelte einen speziellen Zahnradantrieb, der das Drehmoment auf die Endachsen übertrug. Das Zahnradgehäuse diente dabei gleichzeitig als Deichsel. Der Luttermöller-Antrieb bestach durch seine Laufruhe und den sehr guten Kurvenlauf. Allerdings war er in der Fertigung und im Unterhalt relativ teuer. Für höhere Geschwindigkeiten erwies sich der Antrieb nur als bedingt geeignet.

▲ *Die Einheitstenderloks der Baureihe 87 waren mit einem Luttermöller-Antrieb ausgerüstet. Die für den Rangierdienst im Hamburger Hafen entwickelten Maschinen waren in der Lage, Gleisbögen mit einem Radius ab 100 m zu befahren. Die Aufnahme zeigt 87 001 am 12. April 1952 im Bw Hamburg-Wilhelmsburg.*
Foto: C. Bellingrodt, Archiv D. Endisch

▲ *Der Hauptrahmen der Malletlok 99 5901: Deutlich sind die Auflagen für die Rauchkammer und den Langkessel zu sehen.*
Foto: D. Endisch

▲ *Der Rahmen des vorderen Drehgestells der 99 5901: Am rechten Rahmenende sind die Laschen zu sehen, mit denen das Drehgestell der Mallet-Maschine im Hauptrahmen fixiert wird.*
Foto: D. Endisch

M

Mallet-Lokomotive: Der Schweizer Ingenieur Anatole Mallet (23.05.1837–10.10.1919) meldete 1874 das Patent für seine Gelenklokomotive an. Zwar besitzt die Mallet-Maschine wie die ➞ Meyer-Lokomotive zwei Triebwerke, allerdings ist deren hinteres Hochdrucktriebwerk fest mit dem Rahmen verbunden. Lediglich das vordere Niederdrucktriebwerk ist beweglich gelagert. Dadurch konnten die beweglichen, dampfführenden Leitungen auf den Niederdruckteil beschränkt bleiben. In Deutschland nutzten zahlreiche Schmalspurbahnen das Mallet-Triebwerk. Die Harzer Schmalspurbahnen GmbH (HSB) halten mit 99 5901, 99 5902 und 99 5906 derzeit drei betriebsfähige Mallet-Maschinen vor. Außerdem sind in Deutschland die Malletloks 99 633 (Öchsle-Museumsbahn) und die Lok 11^{sm} (Brohltalbahn) betriebsfähig. Zwar bestachen die Gelenk-Maschinen durch ihren guten Kurvenlauf, doch gegen sie sprachen die vergleichsweise schlechten Laufeigenschaften bei Rückwärtsfahrten und der hohe Instandhaltungsaufwand.

Marcotty-Feuertür: Die von Franz Marcotty (1845–1920) entwickelte Klapp-Feuertür vermindert die Rauchentwicklung. Durch links und rechts neben der Feuertür angebrachte Kanäle gelangt über Drosselklappen Luft in die Feuerbüchse; gleichzeitig kühlt die Luft das Feuerloch.

Massenausgleich: Unter dem Begriff »Massenausgleich« versteht man das Austarieren der von den hin und her gehenden Teilen des Triebwerkes erzeugten Kräfte, damit die

▲ *Typisch für die Feuertür der Bauart Marcotty sind die links und rechts angebrachten Kanäle.* *Foto: D. Endisch*

Lok einen weitgehend ruhigen Lauf erreicht. Die umlaufenden Massen, also die von Kuppelzapfen und Kuppelstangen erzeugten Kräfte werden durch die Gegengewichte in den Kuppelachsen ausgeglichen. Die von den hin und her gehenden Teilen, wie z.B. Kolben, Kolbenstange, Kreuzkopf, Steuerung und teilweise Treibstange, ausgehenden Kräfte können bei Zweizylinder-Maschinen nur zwischen 25 und 30 Prozent ausgeglichen werden. Bei einem Vierzylinder-Triebwerk gleichen sich hingegen die Kräfte von selbst aus.

Meyer-Lokomotive: Der Elsässer Ingenieur Jean-Jacques Meyer (1804–1877) erwarb 1861 das Patent einer Gelenklokomotive mit zwei beweglichen Triebwerken. Er überarbeitete die Konstruktion und stellte 1868 die erste Meyer-

▲ *Bei den Gelenk-Maschinen der Bauart Meyer stützt sich der Brückenrahmen auf den beiden Drehgestellen ab. Das Bild zeigt den Brückenrahmen der 99 561 im Sommer 2000 in Mügeln.* *Foto: D. Endisch*

Lok vor. Im Unterschied zur → Mallet-Lok ruht der Kessel der Meyer-Maschine auf einem Brückenrahmen, der sich auf zwei beweglichen Drehgestellen abstützt. Die Zylinder liegen in der Mitte des Fahrzeugs. Die hinteren Hochdruck-Zylinder sind durch flexible Leitungen mit den vorderen Niederdruck-Zylindern verbunden. Die Meyer-Loks besaßen einen sehr guten Kurvenlauf, doch bei höheren Geschwindigkeiten neigte die Maschine zum Schlingern. Zudem verursachten die Gelenkloks recht hohe Instandhaltungskosten. Gleichwohl waren die Königlich Sächsischen Staatseisenbahnen (K.Sächs.Sts.E.B.) mit der Leistung ihrer schmalspurigen Meyer-Loks der Gattung IV K (Baureihe 99.51–60) sehr zufrieden. Von 1892 bis 1921 stellten die K.Sächs.Sts.E. insgesamt 96 Exemplare der Gattung IV K in Dienst. Auch nach über 130 Jahren sind einige dieser Maschinen bis heute betriebsfähig.

Michalk-Schmierpumpe: Zu den ältesten Zentralschmierungen für unter Dampf gehende Teile gehört die Michalk-Schmierpumpe, mit der die DRG ab 1922 alle von ihr übernommenen Länderbahnloks ausrüsten ließ. Die Pumpe besteht aus drei ovalen Vorratsbehältern aus Glas und dem darunter liegenden Antrieb. Über ein Hebelgestänge wird die Michalk-Schmierpumpe angetrieben. Neben dieser so genannten Einheitsschmierpumpe gibt es noch die Michalk-Hochleistungs-Ölschmierpumpe Bauart JM, die von der 1879 gegründeten Firma W. Michalk & Sohn aus Freital (bei Dresden) produziert wurde. Diese besteht aus einem rechteckigen Vorratsbehälter aus Metall und dem ebenfalls darunter angeordneten Antrieb. Mit der so genannten JM-Pumpe rüstete die DR u.a. ihre Neubau-Dampfloks der Baureihen 23.10 (bis 23 1063), 65.10, 83.10 und 99.23–24 (bis 99 237) aus.

Mischvorwärmer: In der zweiten Hälfte der 1930er-Jahre wurden die ersten Mischvorwärmer-Anlagen entwickelt. Im Unterschied zum → Oberflächenvorwärmer wird bei diesem Vorwärmer ein Teil des Maschinenabdampfes und der Abdampf der Hilfsbetriebe in einen mit Wasser gefüllten Kasten geleitet. Dort kondensiert der Abdampf und vermischt sich mit dem kalten Wasser. Das etwa 95° C heiße Wasser wird dann mit Hilfe einer → Kolbenspeisepumpe in den Kessel eingespeist. Durch die Kondensation des Abdampfes vergrößert sich der Aktionsradius der Dampfloks. Die DB und die DR rüsteten fast alle ihre Neubau-, Umbau- und Reko-Maschinen mit einem Mischvorwärmer aus. Die bei der DR übliche Anlage der Bauart IfS (Institut für Schienenfahrzeuge) saß in der Rauchkammer vor dem Schornstein. Der große, im oberen Teil abgeschrägte

▲*Typisch für die Reko- und Neubau-Dampfloks der DR ist der große Mischkasten vor dem Schornstein. Am 30. Juni 2013 stand 35 1097-1 in Glauchau unter Dampf.* *Foto: D. Endisch*

Mischkasten gab den Reichsbahn-Maschinen ein unverwechselbares Aussehen.

Müller-Schieber: → Druckausgleich-Kolbenschieber

N

Nadelschmierung: Die Großherzoglich Badischen Staatseisenbahnen führten als erste diese Art der Schmierung für die Stangenlager ein. Im Schmiergefäß auf dem Stangenkopf hängt im Schmierloch eine Schmiernadel. Diese reguliert die Ölmenge. Die Stärke der Ölnadel ist von der Jahreszeit abhängig; die so genannte Sommernadel ist stärker als die Winternadel.

Nassdampf: Als Nassdampf oder Sattdampf bezeichnet man den bei Siedetemperatur erzeugten Wasserdampf. Der Nassdampf enthält im Gegensatz zum → Heißdampf noch immer Wassertröpfchen. Die meisten Hilfseinrichtungen (z.B. Luft- und Speisepumpe) werden mit Nassdampf betrieben.

Nassdampfregler: → Regler

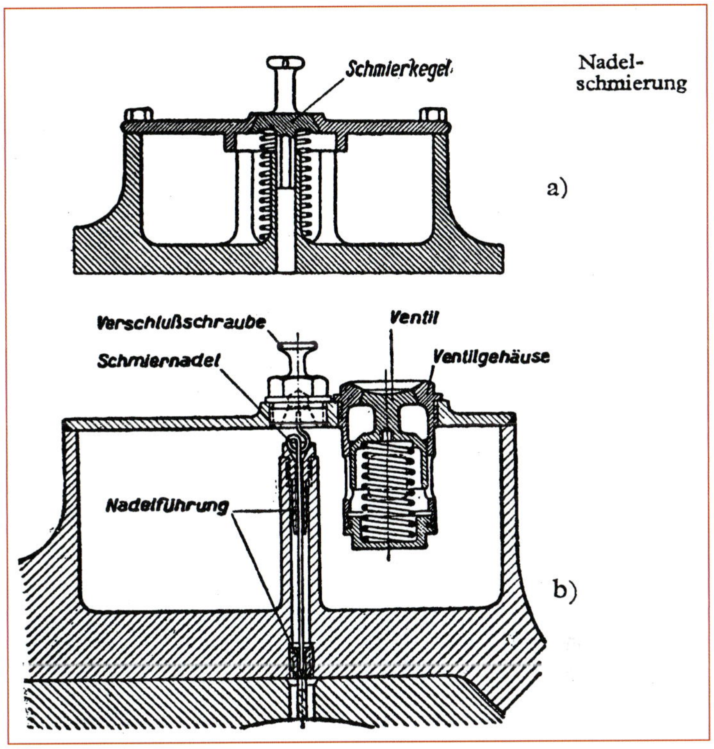

▲ *Schnitt durch ein Schmiergefäß mit Nadelschmierung älterer (oben) und neuerer Bauart (unten)* *Abbildung: Slg. D. Endisch*

Niederdruck-Zylinder: Als Niederdruck-Zylinder bezeichnet man die Zylinder einer → Verbundlok, in denen der Dampf ein zweites Mal entspannt wird. Die Niederdruck-Zylinder besitzen gegenüber den → Hochdruckzylindern einen deutlich größeren Durchmesser und sind meist außen am Rahmen befestigt.

Nicolai-Schieber: → Druckausgleich-Kolbenschieber

Notbremse: Die Notbremse spricht sofort an, wenn an einer beliebigen Stelle des Zuges die Hauptluftleitung belüftet bzw. getrennt wird. Alle luftgebremsten Fahrzeuge sind mit einer Notbremse ausgerüstet. Auf Lokomotiven befindet sich der Notbremshahn meist unter dem Führerbremsventil. Der Hahn darf nur betätigt werden, wenn das Führerbremsventil während der Fahrt ausfällt.

Notkuppeleisen: Links und rechts neben dem → Hauptkuppeleisen sitzen im → Kuppelkasten die beiden Notkuppeleisen. Die etwas längeren Notkuppeleisen liegen locker im Kuppelkasten und werden erst nach Bruch des Hauptkuppeleisens belastet.

O

Oberflächenvorwärmer: Der Oberflächenvorwärmer, auch »Knorr-Vorwärmer« genannt, dient wie der → Mischvorwärmer zur Vorwärmung des Kesselspeisewassers. Allerdings funktioniert der Oberflächenvorwärmer wie ein Wärmetauscher. Der Abdampf der Maschine und der Hilfsbetriebe strömt durch ein Rohrbündel aus Kupfer, das von Wasser umflossen wird. Dabei gibt es seine Wärme an das Wasser ab. Das dadurch vorgewärmte Wasser wird von einer → Kolbenspeisepumpe in den Kessel gedrückt. Der Oberflächenvorwärmer hat einen deutlich geringeren Wirkungsgrad als der Mischvorwärmer. Außerdem kann das Kondensat nicht genutzt werden. Es wird meist in den Aschkasten geleitet.

▲ *Bei den meisten Einheits-Dampfloks lag der Oberflächenvorwärmer der Bauart Knorr in einer Rauchkammernische vor dem Schornstein. Das Bild zeigt den Vorwärmer der 99 749. Unterhalb des Vorwärmers ist die Kolbenspeisepumpe zu sehen.* *Foto: D. Endisch*

▲ *Das Rohrbündel eines Oberflächenvorwärmers der Bauart Knorr* *Foto: D. Endisch*

Ölhauptfeuerung: Der französische Ingenieur S. Cl. Deville stellte 1868 die erste funktionstüchtige Ölhauptfeuerung vor. In Ländern mit großen Erdölvorkommen, wie z.B. den USA, Russland oder Rumänien, wurden bereits in der ersten Hälfte der 1950er-Jahre zahlreiche Dampfloks entsprechend ausgerüstet. Bei der DB erhielten in den 1950er-Jahren einige der besonders hoch belasteten Maschinen eine Ölhauptfeuerung; die DR begann 1963 mit dem Serienumbau. Bei den ölgefeuerten Maschinen entfielen der → Rost und der → Aschkasten. Sie wurden durch einen Feuerkasten mit dem Luftzuführungskasten ersetzt. Die → Feuerbüchse wurde teilweise mit Siliziumkarbid-Steinen

▲ *Um den Heizer von seiner schweren körperlichen Arbeit zu entlasten, rüstete die DR rund 240 regelspurige Dampfloks mit einer Ölhauptfeuerung aus. Bei der Einführung der EDV-gerechten Betriebsnummern am 1. Juni 1970 erhielten die alten Ordnungsnummern der Ölloks eine »0« als erste Ziffer. 95 0009-1 (ex 95 009) blieb als Museumsfahrzeug erhalten.* *Foto: D. Endisch*

ausgemauert und der Feuerschirm verlängert. Während die DB die beiden Brenner am tiefsten Punkt des Stehkessels montierte und damit die Flammen in Richtung Feuertür zeigten, baute die DR die beiden Brenner unterhalb der Feuertür ein. Das im kalten Zustand teerähnliche Heizöl lagerte in einem Tank im → Kohlenkasten. Das vorgewärmte schwere Heizöl wurde in den Brennern mit Dampf zerstäubt. Die Ölhauptfeuerung besaß viele Vorteile: Beispielsweise konnte die Dampferzeugung exakt an die notwendige Maschinenleistung angepasst werden. Die Höchstleistung war ständig verfügbar. Der höhere Kesselwirkungsgrad und ein kleiner Leistungsgewinn waren weitere positive Nebeneffekte. Für den Heizer entfiel die schwere körperliche Arbeit und er konnte mehr in die Streckenbeobachtung eingebunden werden. Außerdem konnten Auf- und Abrüstzeiten spürbar gekürzt werden. Da sich der Aktionsradius der Maschinen durch den höheren Brennwert des Heizöls vergrößerte, war es möglich, die Umläufe zu verlängern.

P

Pendelblech: Das Pendelblech dient bei Dampfloks mit hoher Kessellage als Verbindung zwischen dem Rahmen und dem → Langkessel. Das relativ dünne Blech kann sich der Längenausdehnung des Kessels anpassen. Im betriebswarmen Zustand des Kessels steht das Pendelblech senkrecht.

▲ *Das Pendelblech stellt eine flexible Verbindung zwischen dem Langkessel und dem Rahmen her.* *Foto: D. Endisch*

Pop-Ventil: → Kesselsicherheitsventil

Prallblech: Zur Verbesserung des → Funkenfängers der Bauart Holzapfel rüstete die DR ab Ende der 1940er-Jahre ihre Dampfloks mit einem Prallblech aus. Die leicht gebogene Blechplatte hängt an der Rückseite des Funkenfängers und verhindert den Auswurf glühender Kohleteilchen.

Puffer: Der Puffer – früher auch als »Buffer« bezeichnet – hat die Aufgabe, alle während der Fahrt und des Rangierens auftretenden horizontalen Stöße aufzufangen. Bei der Dampflok hat der linke Puffer einen flachen Teller, während der rechte Puffer gewölbt ist. Sowohl bei den älteren Stangen- als auch bei den neuen Hülsenpuffern fangen starke Ring- oder Wickelfedern die Stoßenergie auf. Die Puffer werden an den Pufferträgern angeschraubt.

Pufferträger: Der auch als »Pufferbohle« bezeichnete Pufferträger bildet bei Schlepptenderloks die vordere Rahmenverbindung. Tendermaschinen besitzen auch hinten einen Pufferträger. Die Pufferträger der Einheits-, Neubau- und Rekoloks bestehen aus einem massiven u-förmigen Blech, das mit geschmiedeten Befestigungsstücken mit dem Rahmen verschraubt wird. Der Pufferträger ist so ausgelegt, dass er bei Auffahrunfällen einen Teil der Energie aufnimmt, ohne dass der Rahmen beschädigt wird.

R

Radreifen: Der Radreifen besteht aus vergütetem, sehr hartem Stahl. Der nahtlos gewalzte Radreifen wird erwärmt und dann auf den Radstern aufgezogen. Ein Sprengring sichert den Radreifen, damit er sich nicht verschiebt. Durch das so genannte Schrumpfmaß sitzt der Radreifen fest. Ein neuer Radreifen ist 75 mm stark. Der Radreifen trägt zur Führung des Rades im Gleis einen Spurkranz. Die 1 : 20 geneigte Lauffläche zentriert während der Fahrt ständig den Radsatz im Gleis.

Ramsbottom-Ventil: → Kesselsicherheitsventil

Rauchkammer: Der vordere Abschluss des Kessels wird als Rauchkammer bezeichnet. Die aus einem Schuss gefertigte Rauchkammer ist hinten mit dem Langkessel verbunden und vorne durch eine Tür luftdicht verschlossen. In der Rauchkammer sammeln sich die durch die → Heiz- und → Rauchrohre strömenden Rauchgase und entweichen durch den Schornstein. Das untere Drittel der Rauchkammer ist mit Beton ausgegossen, damit die anfallende → Lösche nicht zu Korrosionsschäden führt. Exakt in der Mitte unter dem Schornstein sitzt das → Blasrohr mit dem Hilfsbläser, einem Düsenring, den der Heizer im Stillstand der Lok anstellt.

▲ *Blick in die Rauchkammer der 99 1715-4: Deutlich sind das Blasrohr und die Überhitzerelemente zu erkennen. Foto: D. Endisch*

Rauchkammer-Überhitzer: → Überhitzer

Rauchrohr-Überhitzer: → Überhitzer

Rauchrohr: Nur Heißdampflokomotiven besitzen Rauchrohre. Wie das → Heizrohr stellt auch das Rauchrohr eine Verbindung zwischen der Feuerbüchse (Feuerbüchsrohrwand) und der Rauchkammer (Rauchkammerrohrwand) her und versteift gleichzeitig die beiden Rohrwände. Allerdings haben die Rauchrohre einen deutlich größeren Durchmesser, da sie die Elemente des → Überhitzers aufnehmen. Die Rauchgase geben deshalb ihre Wärme an die wasserumspülten Rauchrohre und den Überhitzer ab. Die Anzahl der Rauchrohre hängt in erster Linie von der Zahl der notwendigen Überhitzer-Elemente ab.

Regler: Mit dem Regler bestimmt der Lokführer die Menge Dampf, die aus dem Kessel in die Zylinder gelangt. Die ersten Maschinen besaßen die relativ einfachen Flachschieberregler, die aber mit dem Ansteigen des Kesseldrucks nicht mehr verwendet werden konnten. Der Nassdampf-Ventilregler der Bauart Schmidt & Wagner sitzt im → Dampfdom und besteht im Wesentlichen aus dem Gehäuse, dem Reglerknierohr, dem Hauptventilkörper, der Entlastungskammer und dem Hilfsventil. Bei geschlossenem Regler lastet der volle Kesseldruck auf dem Hauptventil. Öffnet der Lokführer nun den Regler, wird zuerst das Hilfsventil betätigt und der Dampf strömt aus der Entlastungskammer. Erst jetzt kann das Hauptventil betätigt werden. Der Dampf strömt nun über das Reglerrohr zum → Dampfsammelkasten. Der Regler wird über ein Gestänge vom Führerstand aus betätigt.
Da in den ersten Minuten nach dem Anfahren die Temperatur des Heißdampfes relativ gering ist, entwickelten die DR und die DB den Heißdampfregler. Hier saß der Regler nicht im → Dampfdom, sondern zwischen der Heißdampfkammer des → Dampfsammelkastens und den → Einströmrohren. Beim Öffnen dieses Reglers stand zwar sofort Heißdampf zur Verfügung, doch eine deutliche Verringerung des Dampfverbrauchs brachte der Heißdampfregler nicht. Da die Unterhaltungskosten für den Heißdampfregler deutlich höher als für den herkömmlichen Nassdampf-Ventilregler waren, wurden nur vergleichsweise wenige Dampfloks mit einem solchen Regler ausgerüstet.

Reibungsmasse: Als Reibungsmasse wird die Summe aller Achsfahrmassen der gekuppelten Räder bezeichnet. Die Reibungsmasse hat wesentlichen Einfluss auf die mögliche → Zugkraft bzw. Bremskraft.

Riggenbach-Gegendruckbremse: → Gegendruckbremse

Rohrlaufen: Undichtigkeiten an den Rohrwänden und den → Heiz- und → Rauchrohren werden als »Rohrlaufen« bezeichnet. Wasser dringt (»läuft«) entweder in die → Feuerbüchse oder in die → Rauchkammer ein, was mit einem deutlichen Leistungsverlust verbunden ist. Eine Ursache für undichte Rohrwände kann eine länger anhaltende Überlastung des Kessels sein.

Rohrwand: Der → Langkessel wird vorn und hinten von jeweils einer Rohrwand abgeschlossen, in der die → Heiz- und → Rauchrohre enden. Man unterschiedet die Rauchkammer- und die Feuerbüchsrohrwand. Die aus weichem Stahl nahtlos gewalzten Heiz- und Rauchrohre verjüngen sich am Durchgang durch die Feuerbüchsrohrwand und werden dort je nach Material der Rohrwand eingewalzt (Kupfer) oder eingeschweißt (Stahl). In der Rauchkammerrohrwand hingegen werden die Rohre aufgeweitet.

Rollenlager: Da Rollreibung deutlich geringer ist als Gleitreibung, wurde bereits in den 1930er-Jahren mit Rollenlagern experimentiert. Die auch als »Wälzlager« bezeichneten Bauteile besitzen im Unterschied zu den → Gleitlagern eine Lagerfläche aus kleinen Walzen oder Kugeln. Zunächst rüstete die DRG einige Achslager, z.B. bei den Tendern der Bauarten 2´2´ T 34 und 2´2´ T 26, mit Rollenlagern aus. Nach dem Zweiten Krieg erhielten einige Neubau- und Umbau-Loks der DB Rollenlager für die Achsen und Stangen. Die fast wartungsfreien Lager sind jedoch teuer in der Beschaffung und empfindlich gegenüber größeren Toleranzen im Lagerspiel.

Rost: Der Rost bildet den unteren Abschluss der → Feuerbüchse hin zum → Aschkasten. Auf dem Rost findet die Verbrennung der festen Brennstoffe statt. Der Rost ist normalerweise leicht nach vorne geneigt und besteht aus mehreren Feldern, von denen eines als → Kipprost ausgebildet ist. Auf den quer angeordneten Rostbalken liegen die Roststäbe, deren Kronen (auch als »Steg« bezeichnet) 16 mm breit sind. Die Rostbalken verjüngen sich nach unten, damit sich keine Schlacke- und Ascheteilchen verklemmen können. Außerdem wird so die Zufuhr der Verbrennungsluft verbessert. Der Abstand zwischen den einzelnen Roststäben, die so genannte Spaltbreite, misst bei deutschen Dampflokomotiven meist 14 mm.

Rückschlagventil: Das Rückschlagventil verhindert das Ausströmen von Wasser oder Gasen aus Behältern. Rückschlagventile lassen den Stofffluss nur in eine Richtung zu. Die Durchflussöffnung wird selbsttätig verschlossen. → Hauptluftbehälter sind mit Rückschlagventilen ausgerüstet.

Rückstellvorrichtung: Alle seitenverschiebbaren Radsätze sind mit einer Rückstellvorrichtung versehen, damit die Lokomotiven nach der Kurvenfahrt nicht schlingern. Die ersten Rückstellvorrichtungen waren einfache Hebelkonstruktionen, die aber nur mäßige Ergebnisse lieferten. Später wurden verschiedene Rückstellvorrichtungen mit Schrauben- und Blattfedern entwickelt, die die Radsätze besser in die Mittellage zurückdrückten.

Rußbläser: Bei der Verbrennung entstehen Ruß und Flugasche, die sich in den → Heiz- und → Rauchrohren ablagern. Diese mussten in den Bahnbetriebswerken aufwändig von den Betriebsarbeitern mit langen Lanzen und Druckluft entfernt werden (»Rohreblasen«). Abhilfe brachten hier Rußbläser, die je nach Bauart (Gärtner und IfS) entweder oberhalb der Feuertür in der Stehkesselrückwand oder in den Seitenwänden montiert wurden. Mit einem Dampfstrahl konnten dann die Ablagerungen an der Feuerbüchsrohrwand und in den Rohren entfernt werden.

S

Sandstreuer: Zum Erhöhen der Haftreibung zwischen Rad und Schienen wird feinkörniger Sand verwendet. Der Sandvorrat lagert meist in ein oder zwei Sandkästen, die auf dem Langkessel sitzen. Links und rechts der Sandkästen befinden sich die Sandfallrohre, die zu den Kuppelachsen führen. Meist werden alle Kuppelachsen in der Hauptfahrrichtung gesandet. Die ersten Sandstreuer musste der Lokführer mittels einer Rüttelstange bedienen. Die Lokomotivfabrik Borsig entwickelte schließlich einen druckluftbetätigten Sandstreuer, der ab 1918 bei fast allen Maschinen verwendet wurde.

Saugluftbremse: Im Unterschied zur → Druckluftbremse wird bei der selbsttätigen Saugluftbremse die Bremskraft durch den Druckunterschied in einem Bremszylinder mit zwei Kammern erzeugt. Die Unterkammer war mit der Hauptluftleitung, die Oberkammer mit dem Hilfsluftbehälter verbunden. Der Kolben besaß ein Doppelventil, das beim Lösen der Bremse das Leersaugen der Oberkammer und des Hilfsluftbehälters ermöglichte. Herrschte in beiden Kammern der gleiche Druck, war die Bremse gelöst. Strömte nun Luft in die Hauptluftleitung, schloss sich das Ventil und der atmosphärische Luftdruck drückte den Kolben nach oben – der Zug wurde gebremst. In Deutschland waren Saugluftbremsen der Bauart Hardy und der Bauart Körting gebräuchlich. Sie unterschieden sich im Bau der Bremszylinder und Luftsauger. Bei der Hardy-Bremse war der Bremshebel schwingend an der Kolbenstange aufgehängt. Ein Rollring dichtete den Kolben zum Zylinder hin ab. Der Sauger bestand aus dem so genannten Kombinationsejektor, bei dem der größere das Vakuum erzeugte und der kleinere es dann konstant hielt.
Bei der Körting-Bremse war hingegen der Bremshebel fest mit der Kolbenstange verbunden. Eine Ledermanschette diente als Dichtung. Der Sauger der Körting-Bremse bestand aus einem größeren und einem kleineren Luftsauger, die jedoch beide deutlich mehr Dampf verbrauchten als die Hardy-Bremse.
Mit der Einführung der → Druckluftbremse wurden Saugluftbremsen nur noch bei Schmalspurbahnen benutzt, da ihre Bremsleistung für die relativ kurzen Züge und die geringen Geschwindigkeiten ausreichten. Heute gibt es nur noch wenige saugluftgebremste Museumszüge bei den Schmalspurbahnen in Sachsen.

Schadgruppe: Die Eisenbahn-Bau- und Betriebsordnung schreibt für Lokomotiven bestimmte Fristuntersuchungen

vor. Die DRG organisierte entsprechend diesen Vorschriften die Instandhaltung ihrer Fahrzeuge. Die einzelnen Untersuchungen wurden in Schadgruppen eingeteilt. Eine Dampflok musste alle drei Jahre zur Zwischenuntersuchung (L3), drei Jahre später war dann die von der EBO vorgeschriebene Hauptuntersuchung (L4) fällig. Befand sich die Lok in einem tadellosen Zustand oder war sie nicht oft im Einsatz, konnten die Fristen der L3 und L4 um jeweils ein Jahr verlängert werden. Zwischen einer L 3 und einer L4 waren je nach Zustand der Lok entweder eine oder mehrere Bedarfsausbesserungen (L0) und/oder Zwischenausbesserungen (L2) fällig. Die L0 war dabei kleineren Reparaturen (z.B. Stangen aufarbeiten) vorbehalten. DB und DR übernahmen diese Schadgruppen-Aufteilung und passten sie später ihren Bedürfnissen an. Die DR modifizierte sie nicht so stark wie die DB. Ab 1973 führte die DR die neuen Schadgruppen-Bezeichnungen L5 (Zwischenausbesserung), L6 (Zwischenuntersuchung) und L7 (Hauptuntersuchung) ein.
Mit der Neufassung des § 32 der EBO, die am 4. August 2017 in Kraft trat, kann jeder Fahrzeug-Halter ein eigenes Instandhaltungsprogramm für das Fahrgestell einer regelspurigen Dampflok im Zusammenhang mit einer Risikobetrachtung (nach CSM-VO) festlegen. Erfolgt dies nicht, muss die Maschine weiterhin nach spätestens acht Jahren eine Untersuchung nach EBO erhalten. Die Neuregelung gilt aber nicht für die Bremsanlage (Bremsrevision), die Luftbehälter bzw. Druckluftanlage (Untersuchung nach § 33 der EBO), den Ölvorratsbehälter bei ölgefeuerten Dampfloks und den Kessel. Letzterer darf nach einer HU drei Jahre betrieben werden, dann ist eine Verlängerung um ein Jahr möglich. Nach maximal vier Jahren ist eine Kessel-HU vorgeschrieben. Unabhängig davon ist jeder Fahrzeug-Halter verpflichtet, für seine Fahrzeuge ein komplettes Instandhaltungsregelwerk zu erstellen.

schädlicher Raum: Als »schädlichen Raum« bezeichnet man den Raum im → Dampfzylinder, der zwischen der Endstellung des Kolbens und dem Zylinderdeckel verbleibt sowie den Inhalt des dampfführenden Kanals. Das Volumen des schädlichen Raums wird in Prozent (bezogen auf den Hubraum) angegeben. Der schädliche Raum hat entscheidenden Einfluss auf den Dampfverbrauch einer Lok, da er erst mit Frischdampf gefüllt werden muss, bevor der Dampf auf den Kolben wirkt. Zudem erhöht der schädliche Raum die Abkühlverluste. Allerdings hat der schädliche Raum Auswirkungen auf den Massenausgleich, da sein Dampfpolster die Kräfte der hin und her gehenden Kolben und Kolbenstange auffängt.

Schieberkasten: Der Schieberkasten sitzt normalerweise über dem → Dampfzylinder und ist an diesen angegossen oder mit ihm verschraubt. Der Schieberkasten trägt die Anschlussstutzen für die → Ein- und → Ausströmrohre. Im Schieberkasten sitzt außerdem der → Flach- oder → Kolbenschieber, der die Dampfverteilung zu den Zylindern regelt.

Schieberschubstange: Die Schieberschubstange ist Teil der äußeren Steuerung. Sie verbindet das → Hängeeisen oder die → Kuhnsche Schleife mit dem Voreilhebel. Die Schieberschubstange wird von der Schwingenstange über die Schwinge angetrieben. Wird das Hängeeisen über den Aufwurfhebel gehoben oder gesenkt, verändert sich die Lage der Schieberschubstange. Liegt sie waagerecht, liegt die Steuerung waagerecht. Bei Vorwärtsfahrt liegt die Schieberschubstange bei Kolbenschiebern mit innerer Einströmung und nacheilender Gegenkurbel unten, bei Rückwärtsfahrt hingegen oben.

▲ *Typisch für die Einheitsloks der DRG waren die an den Schieberkästen angeschraubten Ausströmkästen, wie hier bei 41 1231-1. Später wurden die Ausströmkästen meist fest mit den Schieberkästen verbunden. Auf dem Schieberkasten sind deutlich die blind geflanschten Anschlüsse für die Druckausgleicher zu erkennen.* *Foto: D. Endisch*

Schiebersteuerung: Bei der Schiebersteuerung steuern → Flach- oder → Kolbenschieber die Ein- und Ausströmung des Dampfes. Bei der → Ventilsteuerung hingegen übernehmen dies Ein- und Auslassventile. Die Ventilsteuerungen konnten sich jedoch in Deutschland nicht durchsetzen.

Schlepptender: Der Schlepptender ist ein antriebsloses, eigenes Fahrzeug, das die Wasser- und Brennstoffvorräte

▲ *Ein Schlepptender der Bauart 2´2´ T 28 der DR: Im Kasten hinter dem Wasserbehälter wurden meist Ölkannen und größeres Werkzeug (z.B. Brechstangen) aufbewahrt. Obwohl der Tender ein Schürgeräterohr besitzt, werden einige größere Schürgeräte auf Haken an den Seitenwänden des Kohlekastens gelagert.*
Foto: D. Endisch

aufnimmt. Der Schlepptender wird mit der Führerhausseite der Lok gekuppelt und dämpft durch eine straffe Verbindung mit der Maschine deren Zuck- und Schlingerbewegungen. Die Größe des Tenders richtet sich meist nach dem Wasser- und Brennstoffbedarf des Fahrzeugs. Gelegentlich können auch betriebliche Bedingungen (z.B. Länge der Drehscheibe) eine Rolle spielen.

Schlingerkeil: → Schlingerstück

Schlingerstück: Da sich der Kessel während des Betriebes ausdehnt und beim Abkühlen zusammenzieht, kann er nur an einer Stelle fest mit dem Rahmen verbunden werden. Dies erfolgt im Regelfall vorn an der Rauchkammer. Die hintere Befestigung ist hingegen flexibel. Der Kessel ruht auf dem so genannten Stehkesselträger. Hier verhindern Klammern, dass der Kessel abhebt. Die meist auf dem → Kuppelkasten montierten Schlingerstücke, die auch »Schlingerkeile« genannt werden, verhindern eine seitliche Bewegung. Sie lassen aber Längsbewegungen zu. Die Schlingerkeile müssen beim Anheizen bzw. beim Erkalten des Kessels gelöst werden. Wenn die Betriebstemperatur erreicht ist, werden sie angezogen, dies erfolgt vom Führerstand aus durch eine Klappe unterhalb der Feuertür.

Schmelzpfropfen: Im Betrieb muss die → Feuerbüchse von Wasser umspült sein. Ist der Wasserstand zu gering, kann die Feuerbüchse ausglühen und der Kessel im Extremfall explodieren. Damit das nicht passiert, sind in der Feuerbüchsdecke je nach deren Größe ein oder zwei Schmelzpfropfen eingeschraubt. Der konische Schmelzpfropfen besteht aus Rotguss. In der Mitte ist eine mit Blei ausgegossene Bohrung. Wird der Schmelzpfropfen durch einen zu geringen Wasserstand zu heiß, schmilzt der Ausguss und Wasser dringt in die Feuerbüchse ein, wo das Feuer teilweise abgelöscht wird. Das Personal muss nun schnellstens das Feuer vom Rost entfernen und die Lok abstellen. Bei Dienstbeginn muss das Personal den Schmelzpfropfen kontrollieren.

Speisedom: Zahlreiche Dampflokomotiven sind mit einem Speisewasserreiniger ausgerüstet, der im Speisedom sitzt, der meist im vorderen Drittel des Langkessels seinen Platz hat. Im Speisedom enden die beiden Speiseleitungen der Dampfstrahlpumpe (meist rechts) und des Vorwärmers mit der → Speisepumpe. Der Speisewasserreiniger besteht meist aus nach oben offenen Rosten, über die das Wasser in den Kesselbauch rieselt. Dabei fallen die Kesselsteinbildner aus, die sich als Schlamm am Boden oder in den Rosten absetzen. Der Schlamm wurde dann beim Auswaschen entfernt. Der Speisewasserreiniger musste auch in regelmäßigen Abständen ausgebaut und gesäubert werden.

▲ *Nicht alle Dampflokomotiven besitzen einen Speisedom. Bei den Schmalspurloks der Baureihe 99.23–24 befindet sich der Speisedom auf dem vorderen Kesselschuss. Unter dem Speiseventil ist die Waschluke zum Entfernen des Kesselschlamms zu sehen. Im Behälter links neben dem Speisedom werden die Dosiermittel (Soda und Antischaummittel) für das Kesselspeisewasser gelagert.* *Foto: D. Endisch*

Speisepumpe: Jede Dampflok muss mit mindestens zwei Speiseeinrichtungen ausgerüstet sein. Wenn sie keine zweite → Dampfstrahlpumpe besitzt, ist die zweite Speise-

▲ *Oberflächenvorwärmer der Bauart Knorr unter einem Schutzblech vor der Rauchkammer. Foto: D. Endisch*

einrichtung eine Speisepumpe, die nach ihrer Funktionsart auch als »Kolbenspeisepumpe« bezeichnet wird. Die Speisepumpe besteht im Wesentlichen aus dem oberen Dampfteil und dem unteren Wasserteil, die mit einer durchgehenden Kolbenstange verbunden sind. Der Dampfzylinder treibt die Kolbenstange an, die im Wasserteil das Wasser ansaugt und durch den Vorwärmer in den Kessel drückt. Der Wasserteil der Pumpe fördert meist bei der Auf- und Abwärtsbewegung des Kolbens. Zu den bekanntesten Kolbenspeisepumpen gehören in Deutschland die Bauarten Knorr, Nielebock-Knorr und Knorr-Tolkien (Bauarten KT 1 und KT 3) sowie die Knorr-Pumpen mit Peterssteuerung (KP 4-250 und EP 7,5-20)). Eine Sonderform der Speisepumpe ist die von der DR für ihren → Mischvorwärmer entwickelte → Verbund-Mischpumpe.

Speisewasserreiniger: → Speisedom

Spurkranzschmierung: Bei Kurvenfahrt unterliegen meist die Radreifen der vorauslaufenden Laufachse und der folgenden Kuppelachse einem sehr hohen Verschleiß, da sie an der Außenschiene anlaufen. Die Spurkranzschmierung soll dies auf ein Minimum beschränken. Bereits in den 1920er- und 1930er-Jahren wurde mit Spurkranzschmierungen, die damals oft als »Radreifen-Näßeinrichtungen« bezeichnet wurden, experimentiert. Eine kleine → Dampfstrahlpumpe spritzte Wasser auf die betreffenden Radreifen. Allerdings erwies sich diese Nässeinrichtung als wenig effizient. Die DR rüstete daher ihre Maschinen mit der Spurkranzschmierung der Bauart Heyder aus. Die im Bw Probstzella unter der Leitung von Edwin Heyder entwickelte Spurkranzschmierung (Patentnummer DWP 14.485) bestand im Wesentlichen aus einem Fettbehälter und der Sprühdüse. Durch die Seitenbewegung der Räder wurde die Spurkranzschmierung automatisch ausgelöst. Das Fett wurde auf die Spurkränze gespritzt und blieb dann an der Innenseite des Schienenkopfes und am Spurkranz haften.

Stahlfeuerbüchse: → Feuerbüchse

Stehbolzen: Die Stehbolzen verbinden die → Feuerbüchse mit dem → Stehkessel. Die runden Stehbolzen versteifen außerdem die Feuerbüchse und den Stehkessel und verhindern damit Ausbeulungen und Eindrücke. Die Anzahl und der Abstand der Stehbolzen hängen von der Größe der Feuerbüchse und dem zulässigen Kesseldruck ab. Im Normalfall beträgt der Abstand der Stehbolzen zwischen 80 und 90 mm. In einem großen Kessel sind rund 1.500 Stehbolzen eingebaut, dabei werden sie an der Innenwand der Feuerbüchse und der Außenwand des Stehkessels verschweißt. In der Mitte besitzt der Stehbolzen eine Kontrollbohrung, die zur Feuerbüchse hin offen ist. Bricht ein Stehbolzen, so gelangt Wasser in die Feuerbüchse. Sind mehrere Stehbolzen gebrochen, muss die Lok abgestellt werden.

Stehkessel: Der Stehkessel ist Teil des → Hinterkessels und umschließt die → Feuerbüchse. Die Decke und die Seitenwände des Stehkessels bestehen aus einem Stück, dem so genannten Stehkesselmantel. Die Decke ist meist halbrund. Die Rückwand wird mit dem Mantel entweder doppelt vernietet oder verschweißt. Die Ränder der Rückwand werden dazu gekümpelt und in einem besonderen Verfahren nach vorn geschmiedet. Die Vorderwand wird im unteren Teil nach hinten und im oberen Teil nach vorn gekümpelt. Je nach Konstruktion der Lok ist der Stehkessel entweder zwischen den Rahmenwangen eingezogen oder er liegt auf dem Rahmen.

Steuerbock: Der Steuerbock befindet sich auf der rechten Seite des Führerstandes. Er trägt das Steuerungshandrad, die Steuerspindel und die Skala für die Zylinderfüllung. Das Einstellen der Fahrtrichtung und der Zylinderfüllung erfolgt über das Handrad und die Steuermutter. Die Steuerung wird dabei sinnfällig bedient. Dreht der Lokführer die Steuerung nach vorn, ist die Vorwärtsfahrt eingestellt. Bei den Länder- und Einheitsloks ist der Steuerbock am → Stehkessel befestigt. Bei den Neubau- und Reko-Maschinen der DR hingegen ist der Steuerbock mit dem Rahmen verschraubt.

Steuerung: Als »Steuerung« werden die der Dampfverteilung dienenden Einrichtungen bezeichnet. Nach der Lage der Steuerorgane wird zwischen äußerer und innerer Steuerung unterschieden. Die im → Schieberkasten liegenden → Flach- und → Kolbenschieber gehören zur inneren Steuerung; die → Allan- und → Heusinger-Steuerung hingegen zur äußeren Steuerung.

Steuerwelle: Die vom Lokführer vorgegebene Zylinderfüllung wird von der Steuermutter über die am Langkessel verlaufende Steuerstange zum Steuerstangenhebel übertragen. Der Steuerstangenhebel und der Aufwurfhebel sitzen auf der drehbar gelagerten Steuerwelle, die die Bewegung des Steuerstangenhebels zur linken Lokseite weiterleitet.

Stopfbuchse: Die Stopfbuchse dichtet die Kolbenstange in der Bohrung des Zylinderdeckels ab. Kolbenstopfbuchsen bestehen aus zwei in Längsrichtung geteilten Schalen, die dicht eingeschliffen werden und drei Kammern bilden. Jede Kammer besitzt zwei Dichtringe aus Gusseisen, die von Stahlfedern zusammengehalten werden. Passstifte und Schrauben halten die Halbschalen zusammen.

Stoßpuffer: Das → Hauptkuppeleisen zwischen Lok und → Schlepptender muss immer straff gespannt sein, dies übernehmen die beiden Stoßpuffer, die gegen die Gleitplatten am → Kuppelkasten der Lok drücken. Die Stoßpuffer dämpfen außerdem die Dreh- und Schlingerbewegungen der Lok.

Strahlungsheizfläche: Die Strahlungsheizfläche, auch »Feuerbüchsheizfläche« oder »direkte Heizfläche« genannt, ist die vom Feuer direkt berührte Heizfläche. Sie bringt die größte Verdampfungsleistung im Kessel. Deshalb wurde die Strahlungsheizfläche der → Feuerbüchse später durch eine → Verbrennungskammer vergrößert.

▲ *Die Steuerwelle der Zahnrad-Dampflok 97 501 Foto: D. Endisch*

Stromlinienverkleidung: Anfang der 1930er-Jahre suchte die DRG nach Möglichkeiten, wie sie den Luftwiderstand ihrer Schnellzug-Dampflokomotiven verringern könnte. In Zusammenarbeit mit der Firma Borsig und anhand zahlreicher Modelle im Windkanal wurden verschiedene leichte Blechverkleidungen erprobt. Die Schnellfahrloks 05 001

▲ *Die Stromlinien-Dampfloks der Baureihe 05 gehören zweifelsohne zu den imposantesten deutschen Dampflokomotiven. Die Reichsbahn präsentierte 05 001 im Jahr 1935 auf der Jubiläumsschau in Nürnberg. Foto: Archiv D. Endisch*

und 05 002 erhielten schließlich als erste Maschinen eine Stromlinienverkleidung, die bei 160 km/h einen Zugkraft-Gewinn von bis zu 60 Prozent brachte.

Strube-Pumpe: → Dampfstrahlpumpe

T

Tender: → Schlepptender

Tenderbrücke: Den Zwischenraum zwischen der Lok und dem → Schlepptender überdeckt die Tenderbrücke. Sie besteht aus Riffelblech und ist am Führerhaus montiert. Die Tenderbrücke ermöglicht dem Heizer beim Beschicken des Feuers einen festen Stand. Die mit geschlossenen Führerhäusern ausgerüsteten Dampflokomotiven der Baureihen 42 und 52 besaßen keine Tenderbrücke.

Totpunktlage: Bilden Treibzapfen, Treibstange und Kolbenstange eine gerade Linie, kann die Lok nicht anfahren, da dem Hebelarm der Kurbelwinkel zum Erzeugen des Drehmoments fehlt. Die in den Stangen übertragenen Kräfte wirken dann direkt auf den Kreuzkopfbolzen und den Treibzapfen. Diese Lage wird als »Totpunkt« bezeichnet. Bei einer Zweizylinderlok wurden deshalb der rechte und der linke Treibzapfen um 90° versetzt. Damit konnte eine Seite des Triebwerks auf jeden Fall anfahren, wenn die andere Seite sich in der Totpunktlage befand.

Tragfedern: Der Rahmen stützt sich über die Tragfedern auf den Achslagern ab. Als Tragfedern dienen bei Dampfloks fast ausschließlich Blattfedern, die entweder unter- oder oberhalb der Achslager montiert sind. Die Federn zehren einen großen Teil der Stoßkräfte durch Reibung zwischen den einzelnen Federblättern auf. Einzelne Tragfedern sind durch → Ausgleichhebel miteinander verbunden.

Treibzapfen: In den Kurbelarm der Treibachse wird der Treibzapfen eingepresst. Der Treibzapfen ist deutlich größer als der → Kuppelzapfen, weil die Treibstange direkt auf den Treibzapfen wirkt. Der Treibzapfen gibt das Drehmoment an die → Kuppelstangen ab. Außerdem sitzt auf dem Treibzapfen die → Gegenkurbel.

Trofimoff-Schieber: → Druckausgleich-Kolbenschieber

Turbogenerator: Der Turbogenerator, auch »Lichtmaschine« genannt, erzeugt den für die → elektrische Beleuchtung benötigten Strom. Der Turbogenerator besteht im Wesentlichen aus einer kleinen Dampfturbine und einem Generator, der bei einer Spannung von 24 Volt (Wechselstrom) eine Leistung von maximal 0,5 kW erzeugen kann. Ein Fliehkraftregler begrenzt die Drehzahl der Turbine, die bei Dampfdrücken zwischen 4,5 und 16 kp/cm^2 arbeitet, auf 3.600 Umdrehungen pro Minute.

U

Überhitzer: Im Überhitzter wird der Nass- in Heißdampf umgewandelt. Heißdampfloks verbrauchen deutlich weniger Wasser und Brennstoff bei einer höheren Leistung. Der nach seinem Erfinder Wilhelm Schmidt (18.02.1858–16.02.1924) benannte Rauchrohrüberhitzer erzeugt je nach

▲ *An diesem aufgeschnittenen Kessel sind der Dampfsammelkasten und die Überhitzerelemente sehr gut zu erkennen.*
Foto: D. Endisch

▲ *Die VMP-Pumpe der DR: Unten ist der Wasserteil der Pumpe zu erkennen.* *Foto: D. Endisch*

Größe Heißdampf mit Temperaturen zwischen 300 und 450° C. Der Überhitzer besteht im Wesentlichen aus dem ➞ Dampfsammelkasten und den Überhitzerelementen, die in ➞ Rauchrohre eintauchen. Der Nassdampf strömt von der Nassdampfkammer in die Überhitzerelemente, wo er noch einmal erhitzt wird. Der so entstandene Heißdampf gelangt in die Heißdampfkammer des Dampfsammelkastens und von dort in die ➞ Einströmrohre.

Überreißen von Wasser: Öffnet der Lokführer den Regler zu schnell, ist der Wasserstand im Kessel zu hoch oder schäumt das Wasser im Kessel zu stark auf, kann der Dampf große Mengen Wasser in die Zylinder mitreißen. Diese Gefahr besteht nicht nur bei Nassdampfloks, sondern auch bei Heißdampfmaschinen, da der ➞ Überhitzer die Wassermassen nicht verdampfen kann. Ein Teil des Wassers wird durch den Auspuffschlag ins Freie gerissen. Diesen Vorgang bezeichnen Dampflokpersonale umgangssprachlich auch als »Kotzen«. Kurz vor dem Hubende schließt jedoch der Schieber die Ausströmung und das restliche Wasser kann bei geschlossenen Zylinderentwässerungsventilen nicht mehr entweichen. Ist die im Zylinder eingeschlossene Wassermenge größer als der ➞ schädliche Raum, kommt es zu einem ➞ Wasserschlag. Das Wasser wird gegen den Zylinderdeckel gedrückt. Da Wasser nicht so stark komprimiert werden kann wie Gase, werden die umlaufenden Massen des Kolbens, der Kolbenstange und der Treibstange einem starken Gegendruck ausgesetzt, der zu schweren Schäden am Triebwerk und am Rahmen führen kann. Verbogene Treibstangen, gebrochene Zylinderdeckel und Treibzapfen gehören bei einem Wasserschlag zu den häufigsten Schäden.
Um das Überreißen von Wasser zu verhindern, müssen die Zylinder deshalb vor der Abfahrt gründlich vorgewärmt werden. Außerdem werden kurz nach dem Anfahren die Zylinderentwässerungsventile geöffnet, damit das entstandene Kondenswasser entweichen kann.

Umlauf: ➞ Laufblech

V

Ventilregler: ➞ Regler

Ventilsteuerung: Im Unterschied zur ➞ Schiebersteuerung regeln bei der Ventilsteuerung Ein- und Auslassventile die Dampfverteilung im Zylinder. Für die Ventilsteuerung sprechen die kurzen Ein- und Ausströmzeiten, was die Drosselverluste deutlich verringert. Allerdings sind Ventilsteuerungen in der Wartung vergleichsweise teuer. Deshalb konnten sich weder die von Arturo Caprotti (22.03.1881–09.03.1938) noch die von Hugo Lentz (21.07.1859–21.03.1944) entwickelten Ventilsteuerungen durchsetzen. Nur wenige deutsche Dampflokomotiven besaßen eine Ventilsteuerung.

▲ *64 293 war bei ihrer Indienststellung versuchsweise mit einer Ventilsteuerung der Bauart Esslingen ausgerüstet. Da sich diese aber nicht bewährte, erhielt die Lok später herkömmliche Kolbenschieber.* *Foto: Archiv D. Endisch*

Verbundlok: Bei einer Verbundlok wird der Dampf in zwei Arbeitsschritten entspannt. Zuerst gelangt der Dampf in den ➞ Hochdruckzylinder, wo er teilentspannt wird. Über den

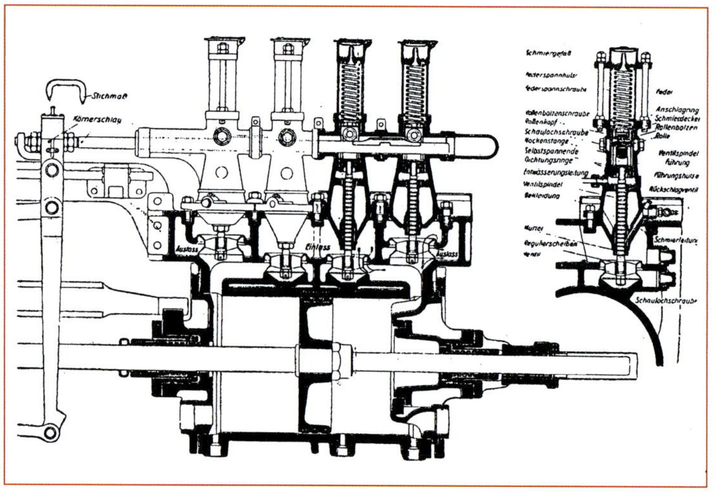

▲ *Schnitt durch eine Lentz-Ventilsteuerung*

Abbildung: Slg. D. Endisch

Verbinder strömt der Dampf zum ➞ Niederdruckzylinder, wo der Dampf völlig entspannt wird. Verbundlokomotiven gibt es mit zwei, drei oder vier Zylindern. Vierzylinderverbund-Maschinen haben einen sehr guten Massenausgleich und hervorragende Laufeigenschaften. Aus diesem Grund wurden vor allem Schnellzugloks mit einem Vierzylinderverbund-Triebwerk ausgerüstet. Die Verfechter der Verbund-Technik unterstrichen außerdem, dass diese aufwändigen Triebwerke weniger Wasser und Kohle verbrauchen würden. Vor allem die süddeutschen Länderbahnen setzten auf Verbund-Maschinen, deren vielteilige Triebwerke jedoch in der Konstruktion, Beschaffung und Unterhaltung sehr teuer und damit letztlich den einfacheren Zwei- und Dreizylinderloks in wirtschaftlicher Hinsicht unterlegen waren. Die DRG beschaffte fast ausschließlich Maschinen mit einfacher Dampfdehnung. Nur einige Versuchs- und Probeloks hatten ein Verbundtriebwerk.

Verbund-Mischpumpe: Die Verbund-Mischpumpe ist eine besondere Bauform der ➞ Speisepumpe. Die DR entwickelte für ihren ➞ Mischvorwärmer der Bauart IfS die Verbund-Mischpumpe mit Peterssteuerung (VMP) 15-20. Sie kann in einer Stunde 15 m^3 Wasser gegen einen Kesseldruck von 20 kp/cm^2 fördern. Die VMP besteht im Wesentlichen aus dem oberen Dampf- und dem unteren Wasserteil. Der Hoch- und der Niederdruckzylinder des Dampfteils liegen nebeneinander. Der Niederdruck-Dampfzylinder treibt den Kaltwasserkolben an, der das Speisewasser in den Mischkasten drückt. Der linke Hochdruckzylinder hingegen saugt das heiße Wasser aus dem Mischkasten an und drückt es anschließend in den Kessel.

Verbrennungskammer: Die Verbrennungskammer dient dazu, die hochwertige ➞ Strahlungsheizfläche der ➞ Feuerbüchse zu vergrößern. Dazu wird der vordere Teil der Feuerbüchse in den Langkessel hinein verlängert. Durch die Verbrennungskammer können die Heizgase besser ausbrennen, was die Feuerbüchsrohrwand schont. Die Verbrennungskammern in deutschen Kesseln waren zwischen 750 und 1.150 mm lang. Durch die Verbrennungskammer konnte die Heizflächenbelastung der Kessel deutlich angehoben werden.

Vorwärmer: Als »Vorwärmer« werden Anlagen und Einrichtungen zum Vorwärmen des Kesselspeisewassers bezeichnet. Zum Vorwärmen des Wassers werden zumeist der Abdampf der Maschine und ihrer Hilfsbetriebe genutzt. Rauchgas-Vorwärmer, wie z.B. die der Bauart ➞ Franco-Crosti, konnten sich in Deutschland nicht durchsetzen. Vorwärmer verbessern die Wärmebilanz der Dampflokomotive erheblich. Nach ihrem Funktionsprinzip werden die Vorwärmer in ➞ Oberflächen- und ➞ Mischvorwärmer unterschieden.

W

Waschluke: Die in den Kessel eingebauten verschließbaren Waschluken ermöglichen die Reinigung des Dampferzeugers sowie das Entfernen von Kesselstein und -schlamm. Die Waschluke besteht aus dem mit dem Kessel fest verbundenen Waschlukenfutter aus Stahl (eingeschweißt) oder Rotguss (eingeschraubt) und dem Lukenpilz, der von der Lukenklemme und dem Lukenfutter festgehalten wird. Als Dichtung zwischen Lukenfutter und Lukenpilz dient ein Ring aus Kupfer mit einer Asbesteinlage. Die Waschluken sind entweder rund oder oval. Ein meist kreisrunder Deckel verkleidet die Waschluken an den sichtbaren Stellen des Kessels.

Wasserkasten: Als Wasserkasten wird der Vorratsbehälter für das Kesselspeisewasser bezeichnet. Der Wasserkasten ist bei ➞ Schlepptendern das Hauptbauteil. Bei Tenderloks befinden sich die Wasserkästen meist links und rechts neben dem Steh- und Langkessel. An der Führerhausrückwand unterhalb des ➞ Kohlenkastens ist bei zahlreichen Tenderloks ein weiterer Wasserkasten angebracht. Die einzelnen Zisternen sind durch Rohre miteinander verbunden. Einige Tendermaschinen wurden auch mit einem Wasserkasten unterhalb des Stehkessels ausgerüstet oder erhielten, wie z.B. die bekannten EL-

▲ *Die Schmalspurloks der Baureihe 99.463 besitzen einen T-förmigen Wasserkasten, der mit dem Rahmen eine konstruktive Einheit bildet und den Maschinen ein unverwechselbares Aussehen gibt. 99 4632 stand am 19. Mai 2005 im Bf Göhren. Foto: D. Endisch*

NA-Maschinen, einen Wasserkasten, der zwischen den Rahmenwangen montiert wurde. Eine Sonderform stellt der sogenannte Krauss´sche Wasserkasten dar. Georg Ritter von Krauss (25.12.1826–05.11.1906) entwickelte 1864 einen Rahmen, der gleichzeitig als Wasserkasten diente. Mit dieser sehr leichten und materialsparenden Konstruktion wurde zuerst eine Tenderlok der Großherzoglich Oldenburgischen Eisenbahn ausgerüstet.

Wasserschlag: → Überreißen von Wasser

Wasserstand: → Wasserstandsanzeiger

Wasserstandsanzeiger: Nach den gesetzlichen Bestimmungen muss jeder Kessel mit mindestens zwei voneinander unabhängigen Wasserstandsanzeigern ausgerüstet sein, wovon mindestens einer ein Wasserstandsglas sein muss, das ständig den Wasserstand anzeigt. Der niedrigste zulässige Wasserstand beträgt 100 mm über dem höchsten Punkt der Feuerbüchsdecke. Dieser niedrigste Wasserstand wird durch eine feste Markierung am Wasserstandsanzeiger angezeigt. Zahlreiche ältere Dampfloks besitzen anstelle des zweiten sichtbaren Wasserglases drei Probierhähne. Dabei soll aus dem oberen immer Dampf, aus dem mittleren ein Wasser-Dampf-Gemisch und aus dem unteren Hahn immer Wasser austreten.

▲ *Ältere Dampfloks besitzen anstelle eines zweiten sichtbaren Wasserstandes auf der Lokführerseite meistens drei Probierhähne.* *Foto: D. Endisch*

▲ *Windleitbleche geben zahlreichen Baureihen ein unverwechselbares Aussehen. DB und DR rüsteten nach dem Zweiten Weltkrieg ihre Dampfloks meist mit den kleinen Windleitblechen aus.* *Foto: D. Endisch*

Windleitbleche: Windleitbleche geben Dampflokomotiven ein unverwechselbares Aussehen. Die meist links und rechts neben der Rauchkammer abgebrachten Bleche haben die Aufgabe, die Rauchgase und den Abdampf von der Maschine wegzuleiten, damit das Personal bei der Streckenbeobachtung nicht behindert wird. Die DRG entwickelte die ersten Windleitbleche, da durch die großen Kessel und weiten → Blasrohre Rauchgase und Abdampf in die Führerhäuser gelangten. Die großen, fälschlicherweise als »Wagner-Bleche« bezeichneten Windleitbleche waren typisch für die Einheitslokomotiven. Auch einige Länderbahn-Maschinen, wie z.B. die Baureihen 17.10–12 (ex preußische S 10.1) und 38.10–40 (ex preußische P 8), wurden nachträglich mit großen Windleitblechen ausgerüstet.

Während des Zweiten Weltkrieges wurden schließlich unter maßgeblicher Beteiligung des Bauart-Dezernenten Friedrich Witte (23.01.1900–25.12.1977) die kleinen Windleitbleche entwickelt, mit denen zuerst die Baureihe 52 ausgerüstet wurde. Mit diesen oft als »Witte-Windleitbleche« bezeichneten Blechen rüsteten DB und DR später nicht nur ihre Neubau-, Umbau- und Reko-Maschinen aus. Auch bei fast allen Einheitsloks wurden die großen Bleche durch die kleineren, aber effektiveren Bleche ersetzt. Bei der DR behielten lediglich die Altbau-Maschinen der Baureihe 01 die großen Windleitbleche.

Winterthur-Druckausgleicher: → Druckausgleicher

▲ *Bei der Winterthur-Schleife sind der Aufwurfhebel und die Schwinge direkt auf der Steuerwelle montiert. Das Bild zeigt die Winterthur-Schleife der 95 027 (Aufnahme vom 8. Mai 2010).*
Foto: D. Endisch

Winterthur-Schleife: Die Winterthur-Schleife ist Teil der → Heusinger Steuerung. Bei der von der Schweizer Lokomotiv- und Maschinenfabrik Winterthur (SLM) entwickelten Bauart entfällt das → Hängeeisen. Aufwurfhebel und Schwinge sitzen direkt auf der → Steuerwelle. Der Aufwurfhebel greift direkt in die vor der Schwinge liegende Schleife der → Schieberschubstange. Mit der Winterthur-Schleife waren u.a. die Tenderloks der Baureihe 95.0 (ex preußische T 20) ausgerüstet.

Winterthur-Steuerung: → Winterthur-Schleife

Wurfhebelbremse: Die Wurfhebelbremse wird auch als »Handbremse« bezeichnet. Sie ist meist quer zur Längsachse der Maschine an der Rückwand des Führerhauses angebracht. Die Handbremse ist eine so genannte Kniehebelbremse. Durch ein besonderes Zwischenstück wird die Übersetzung deutlich verstärkt. Beim Umlegen der Wurfhebelbremse wird zuerst mit einer kleinen Übersetzung das Spiel der Bremsklötze überwunden, die sich nun an die Radreifen legen. Anschließend wird mit der zweiten, deutlich größeren Übersetzung (durch einen kleineren Hebelarm) die maximale Bremskraft erreicht. Mit einem so genannten Nachstellschlüssel kann die Wurfhebelbremse eingestellt werden.

Z

Zentralschmierung: Die Zentralschmierung versorgt von einem Punkt aus mehrere Schmierstellen gleichzeitig mit Öl. Bei Dampflokomotiven sind meist die unter Dampf gehenden Teile (Kolben und Schieber) mit einer Zentralschmierung ausgerüstet. Die Schmierpumpen der Bauarten → Bosch, → De Limon, → Grützner und → Michalk sind meist auf der Heizerseite angebracht und werden von der letzten Kuppelachse über ein Hebelwerk angetrieben. Die → Luft- und → Speisepumpen besitzen kleinere Schmierpumpen für ihre Kolben.

Zughaken: Der Zughaken ist Teil der Zugeinrichtung. Deren wichtigste Teile sind neben dem Zughaken die Zughakenführung, die Zughakenfeder, das Zugeisen und die Schraubenkupplung. Die DRG ersetzte den fest gelagerten Zughaken durch einen nach links und rechts beweglichen Zughaken, der an einer Rahmenverbindung befestigt ist. Die Zughakenfedern dämpfen die auftretenden Stöße.

Zugkraft: Unter »Zugkraft« ist die von der Lok zum Erreichen und zum Erhalt des Bewegungszustandes entwickelte Kraft zu verstehen. Mit steigender Geschwindigkeit nimmt die Zugkraft ab. Die Zugkraft wird nach ihrem Entstehen als Zugkraft aus der Reibungsmasse, aus der Zylinderleistung und aus der Kesselleistung unterschieden. Die Zugkraft aus der Zylinderleistung wird auch als → indizierte Zugkraft bezeichnet.

Zusatzbremse: Die Zusatzbremse ist eine nicht selbsttätige → Druckluftbremse, die nur auf die Lokomotive wirkt. Die Zusatzbremse ist lediglich für Leer- und Rangierfahrten sowie für exakte Zielbremsungen gedacht, da sie sehr fein reguliert werden kann und kurze Ansprechzeiten hat. Die Zusatzbremse ist mit der selbsttätigen Druckluftbremse für den Zug über ein Doppelrückschlagventil verbunden.

zweistufige Luftpumpe → Luftpumpe

10. Anhang

Abkürzungen

Aw	Ausbesserungswerk
BD	Bundesbahndirektion
BR	Baureihe
Bw	Bahnbetriebswerk
BZA	Bundesbahn-Zentralamt
DB	Deutsche Bundesbahn
DB AG	Deutsche Bahn AG
DIN	Deutsche Industrie-Normen
DR	Deutsche Reichsbahn (in der DDR)
DRB	Deutsche Reichsbahn (1937–1945)
DRG	Deutsche Reichsbahn-Gesellschaft (1925–1937)
EBO	Eisenbahn-Bau- und Betriebsordnung
Est	Einsatzstelle
HD	Hochdruck
HSB	Harzer Schmalspurbahnen GmbH
HU	Hauptuntersuchung
HvM	Hauptverwaltung der Maschinenwirtschaft
IfS	Institut für Schienenfahrzeuge Berlin-Adlershof
Indusi	induktive Zugsicherung
kkStB	kaiserlich-königliche österreichische Staatsbahnen
K.Sächs.Sts.E.B.	Königlich Sächsische Staatseisenbahnen
L0	Schadgruppen-Bezeichnung für Bedarfsausbesserung
L2, L5	Schadgruppen-Bezeichnung für Zwischenausbesserung
L3, L6	Schadgruppen-Bezeichnung für Zwischenuntersuchung
L4, L7	Schadgruppen-Bezeichnung für Hauptuntersuchung
LON	Lokomotiv-Normen-Ausschuss
LVA	Lokomotiv-Versuchsabteilung Berlin-Grunewald; ab 02.02.1938: Lokomotiv-Versuchsamt
N	Nahverkehrszug
ND	Niederdruck
P	Personenzug; ab 02.06.1991: Nahverkehrszug
RAW/Raw	Reichsbahnausbesserungswerk
RBD/Rbd	Reichsbahndirektion
RüBB	Rügensche Bäderbahn
RZA	Reichsbahn-Zentralamt
SZD	Sowjetische Eisenbahnen
VB	Vereinheitlichungsbüro der deutschen Lokomotivindustrie
VEB	Volkseigener Betrieb
VES-M	Versuchs- und Entwicklungsstelle der Maschinenwirtschaft

▲ *Volles Rohr: 44 1486-8 des Vereins »Eisenbahnfreunde Traditionsbahnbetriebswerk Staßfurt e.V.« war am 18. August 2012 mit einem Sonderzug bei Baalberge unterwegs. Die über 1.900 PSi starke Maschine wurde einst für den schweren Güterzugdienst entwickelt.* *Foto: D. Endisch*

Quellen und Literatur

Technische Darstellungen

- Alexander, J.: Die Lokomotive, ihr Bau und ihre Behandlung, Leitfaden für Lokomotivführeranwärter; Altona-Ottensen 1927.
- Bode: Der praktische Lokomotivbeamte, II. Teil »Gut Fest!«, Die Luftbremse; Berlin 1911.
- Bode: Der praktische Lokomotivbeamte, III., Die Steuerungen der Lokomotiven; Berlin 1911.
- Brosius, J.; Koch, R.: Die Schule des Locomotivführers, I. Abtheilung; Wiesbaden 1899.
- Brosius, J.; Koch, R.: Die Schule des Locomotivführers, II. Abtheilung; Wiesbaden 1899.
- Brosius, J.; Koch, R.: Die Schule des Locomotivführers, III. Abtheilung: Der Fahrdienst; Wiesbaden 1899.
- Denzin, Paul: Die Dampflokomotive, Aufsätze für Lokomotivführeranwärter und sonstige Anwärter des technischen und nichttechnischen Eisenbahndienstes; Schwerin (Meckl) 1950.
- Deutsche Reichsbahn (Hrsg.): Handbuch für Lokomotivführer und Lokomotivführeranwärter, Band I: Der Kessel und seine Ausrüstung; Berlin, Wien, Leipzig 1944.
- Deutsche Reichsbahn (Hrsg.): Handbuch für Lokomotivführer und Lokomotivführeranwärter, Band III: Behandlung der Lokomotiven im Betriebe; Berlin, Wien, Leipzig 1944.
- Eckhardt, OB.-Ing. Friedrich Wilhelm: Die Konstruktion der Dampflokomotive und ihre Berechnung; Berlin 1952.
- Friedrich Krupp AG (Hrsg.): Krupp-Taschenbuch für den Lokomotivingenieur; 2. verbesserte Auflage; Essen 1942.
- Garbe, Robert: Die Dampflokomotiven der Gegenwart; Berlin 1920.
- Hallmann, Rudi: Der Lokheizer bei der Deutschen Reichsbahn; Leipzig 1955.
- Hellmig, Karl: Kurze Winke für den technischen Praktiker im Lokomotivdienst; 2. Auflage; Königsberg 1928.
- Henschel & Sohn AG: Henschel-Lokomotiv-Taschenbuch; Kassel 1935.
- Kreck, R.: Der praktische Lokomotivbeamte, I. Teil »Gut Heiss!«, Die Heißdampflokomotive; Berlin 1911.
- Meineke, Dr.-Ing. Felix; Röhrs, Friedrich: Die Dampflokomotive, Lehre und Gestaltung; Berlin, Göttingen, Heidelberg 1949.
- Niederstraßer, Leopold: Leitfaden für den Dampflokomotivdienst; Leipzig 1950.
- Schwarze, Johannes (Ltg.): Die Dampflokomotive, Entwicklung, Aufbau, Wirkungsweise, Bedienung und Instandhaltung sowie Lokomotivschäden und ihre Beseitigung; Berlin 1965.
- Wendler, Hans: Die Dampflokomotiven der Deutschen Reichsbahn; Berlin 1952.

Dienstvorschriften

- Deutsche Bundesbahn: Zugförderungsvorschrift; Dienst auf Dampflokomotiven (DV 948 B/1); Minden 1964.
- Deutsche Reichsbahn: Dienstvorschrift für den Dienst auf und an Triebfahrzeugen (Tfz-Dienst, DV 938); Berlin 1973.
- Deutsche Reichsbahn: Dienstvorschrift für den Dienst auf und an Triebfahrzeugen (Tfz-Dienst, DV 938 Th. 3); Teilheft 3 Dampflokomotiven; Berlin 1973.
- Deutsche Reichsbahn-Gesellschaft: Dienstvorschrift für Dampflokomotiven (DV-Lok); Köln 1927.

WEITERE INTERESSANTE BÜCHER ZUM THEMA